赢在手绘

28天高分学成室内手绘效果图

张　达◎编著

住宅 / 办公 / 商业 / 展示
零基础到高分侠的完美蜕变

U0246607

中国电力出版社
CHINA ELECTRIC POWER PRESS

内 容 提 要

　　手绘效果图是当今最热门的实用美术技能之一，徒手表现室内设计需要经过系统且长期的训练，在创意中进行手绘就更显示设计者的功力了。本书从零开始讲授室内手绘效果图的各种技法，将马克笔与彩色铅笔的创造能力发挥至极，综合多种绘画技法，让读者在短期内迅速提高室内效果图的表现水平，同时融入个人的创意表现能力。本书适合大中专院校艺术设计、建筑设计在校师生阅读，同时也是相关专业研究生入学考试的参考用书。

图书在版编目（CIP）数据

28天高分学成室内手绘效果图 / 张达等编著. —北京：中国电力出版社，2018.5
（赢在手绘）
ISBN 978-7-5198-1914-9

Ⅰ．①2… Ⅱ．①张… Ⅲ．①室内装饰设计－建筑构图－绘画技法 Ⅳ．①TU204.11

中国版本图书馆CIP数据核字(2018)第068968号

出版发行：中国电力出版社
地　　址：北京市东城区北京站西街19号（邮政编码100005）
网　　址：http://www.cepp.sgcc.com.cn
责任编辑：乐　苑　010-63412380
责任校对：郝军燕
装帧设计：弘承阳光
责任印制：杨晓东

印　　刷：北京盛通印刷股份有限公司
版　　次：2018年5月第一版
印　　次：2018年5月北京第一次印刷
开　　本：880毫米×1230毫米　16开本
印　　张：10
字　　数：322千字
定　　价：58.00元

前 言

手绘效果图是室内设计师、景观设计师、建筑设计师的必备基本功。改革开放以来，随着社会生活向快节奏方向发展，室内外设计也提倡高效率，以往需要三五天时间完成的设计工作现在不到一天就要提出方案，大量的设计项目给设计师们带来巨大压力。于是，手绘效果图的绘制工具和绘画技法开始不断演进，以适应新的工作要求。

传统手绘效果图大多追求写实，极力发挥笔刷与颜料的表现力。20世纪90年代后期，计算机渲染技术开始普及，计算机效果图逐渐取代了精致而又消耗时间的手绘图。以一幅四开规格的室内设计效果图为例，采用严谨的透视技法和细腻的水粉颜料绘制，需要一周左右才能完成，而运用3ds Max软件只需3～5小时，并且还能随意更改。进入21世纪以来，计算机渲染技术得到迅速推广，图面效果更加真实。手绘效果图开始成为设计师表达创意元素，以图代字的记录手段，以往复杂的水彩、水粉等流体颜料开始退出历史舞台，取而代之的是马克笔、彩色铅笔、快速绘图笔等工具。现代手绘效果图图面效果轻松洒脱，在把握透视关系的同时还能随意增减细节，强化空间层次，将以文字或口头表达的装饰细节全部转移到效果图中，真正做到图文一体化设计。

手绘效果图的快速表现技法很多，甚至因人而异，然而深入细节的技法却基本相同，学习手绘效果图很容易被优秀作品的表象风格和洒脱笔触所感染，在绘画应将注意力放在运笔方式上。但那些所谓的"风格"不能从本质上提升绘画水平，真正能提升水平的是效果图中的形体结构、透视空间、色彩搭配和绘图时的平静心态。

表现形体结构在于线条准确，横平竖直之间能塑造出端庄的棱角，要做到稳重绘制短线条，分段绘制长线条。透视空间要求统一、自然，正确选用透视角度，表现简单的局部空间一般选用一点透视；表现复杂的整体空间可以选用两点透视；空旷的空间可以提升视点高度，以获得鸟瞰视角；紧凑的空间可以适当降低视点高度，以获得仰望视角，甚至形成三点透视，提升表现对象的宏伟气势。单幅画面中的色彩选配以70%同色系为主，强化画面基调，另外30%用于补充其他色彩，丰富画面效果。避免使用黑色来强化阴影，适度留白形成明快的对比。提升手绘水平的主观因素来源于绘图者的心理素质，优秀的手绘作品需要保持平和、稳定的心态去创作，一幅完整的作品由大量的线条和笔触组成，每一次落笔都要起到实质性作用，当这些线条和笔触全部到位时，作品也就完成了，无须额外增加修饰，绘图时要以平静的心态去应对这复杂的过程，不能急于求成。当操作娴熟后可以从局部入手，由画面的重点部位开始，逐步向周边扩展，当全局完成后再做统一调整，这样既能建立自信心，又能分清画面的主次关系，是平稳心态的最佳方式。

多年来，我们一直都在从事手绘效果图的研究，无论是教学还是实践，希望能总结出一套"极速秘籍"，革命性地提升工作效率，然而多次实践证明，深入的手绘图需要大量烦琐的线条和笔触来表现，而绘制这些线条就得花费时间。这部书中的手绘效果图均在极短的时间内完成，将形体结构、透视空间和色彩搭配通过平静的心态整合在一起，表现出深入而又完整的画面效果。

希望这部书能给学习手绘效果图的设计师、大中专院校同学、美术爱好者带来帮助，也希望大家提出宝贵意见，永远支持手绘事业。参与本书编写的还有刘涛、闫永祥、柏雪、鲍莹、杜海、付洁、付士苔、胡爱萍、蒋林、李平、李钦、刘波、刘敏、刘艳芳、卢丹、罗浩、吕菲、毛婵、马一峰、邱丽莎、权春艳、施艳萍、孙莎莎、孙末靖、唐茜、汤留泉、万阳、王红英、吴程程、吴方胜、肖萍、杨清、姚丹丽、张刚、张航、张慧娟、赵媛、周权、董成、汪建成、祖赫。

2018年3月

目　录

28天手绘效果图学习计划

第1天	准备工作	购买各种绘制工具，笔、纸、尺规、画板等，熟悉工具的使用特性，尝试着临摹一些简单的家具、小品、绿植、配饰品等。
第2天	养成习惯	根据本书的内容，纠正自己以往的绘图习惯，包括握笔姿势、选色方法等，强化练习运笔技法，将错误、不当的技法抛在脑后。
第3天	线条练习	对各种线条进行强化训练，把握好长直线的绘画方式，严格控制线条交错的部位，要求对圆弧线、自由曲线能一笔到位。
第4天	巩固透视	无论以往是否系统地学过透视，现在都要配合线条的练习重新温习一遍，透彻理会一点透视、两点透视、三点透视的生成原理。
第5天	前期总结	对前期的练习进行总结，找到自己的弱点加强练习，先临摹2~3张A4幅面的线稿，以简单的小件物品为练习对象，再对照实景照片，绘制2~3张A4幅面的简单小件物品。
第6天	材质	临摹本章节室内各种材质的质地与形体，注重材质自身的色彩对比关系，着色时强化记忆材质配色，区分不同材质的运笔方法。此外，更多材质可以参考相关图片，或对身边的真实材质拍照并打印，对着照片绘制。
第7天	饰品	先临摹2~3张A4幅面饰品，厘清饰品构筑物的结构层次和细节，对必要的细节进行深入刻画，特别注意转折明暗交接线部位的颜色，再对照实景照片，绘制2~3张A4幅面简单的小件物品。
第8天	家具	先临摹2~3张A4幅面家具，分出不同材质家具的多种颜色，厘清光照的远近层次，要对亮面与过渡面进行归纳再绘制，不能完全写实，再对照实景照片，绘制2~3张A4幅面简单的单体家具。
第9天	组合与大型家具	先临摹2~3张A4幅面组合与大型家具，分出家具中主次关系，对不同方向的亮面、过渡面、暗面进行仔细比较分析，能区分复杂家具中的不同材质，再对照实景照片，绘制2~3张A4幅面组合与大型家具。
第10天	设备	先临摹2~3张A4幅面单体灯具、电器，分出金属、塑料的多种颜色，厘清画面中接受光照的远近层次，收集一些当今最时尚的设备造型，能区分不同颜色的设备，再对照实景照片，绘制2~3张A4幅面的设备。
第11天	门窗墙面	先临摹两张A4幅面门窗墙体，仔细观察门窗玻璃上呈现出的真实色彩，注重反光颜色与高光颜色之间的关系，设计并绘制墙体上的装饰造型，再对照实景照片，绘制两张A4幅面门窗墙体。
第12天	绿化植物	先临摹2~3张A4幅面绿化植物，分出花卉与绿叶多种颜色，厘清花卉与绿叶之间的关系，能绘制出花卉的细部构造，再对照实景照片，绘制2~3张A4幅面简单的绿化植物。
第13天	中期总结	自我检查、评价前期关于室内单体表现的绘画图稿，总结其中形体结构、色彩搭配、虚实关系中存在的问题，将自己绘制的图稿与本书作品对比，重复绘制一些存在问题的图稿。
第14天	住宅空间	参考本书关于住宅空间的绘画步骤图，搜集两张相关实景照片，对照照片绘制两张A3幅面住宅室内效果图，注重墙面的主次关系与地面投影。

第15天	酒店大堂	参考本书关于酒店大堂的绘画步骤图，搜集两张相关实景照片，对照照片绘制两张A3幅面大堂空间效果图，注意主体墙面的塑造，深色与浅色相互衬托。
第16天	办公室	参考本书关于办公室的绘画步骤图，搜集两张相关实景照片，对照照片绘制两张A3幅面办公室效果图，注重墙面、地面的区分，避免重复使用单调的色彩来绘制大块面域。
第17天	会议室	参考本书关于会议室的绘画步骤图，搜集两张相关实景照片，对照照片绘制两张A3幅面会议室效果图，注意合理选择透视类型，强化地面暗部投影，重点描绘1~2处细节。
第18天	商业店面	参考本书关于商业店面的绘画步骤图，搜集两张相关实景照片，对照照片绘制两张A3幅面商业店面效果图，注意玻璃内外空间的区别与层次，适当配置灯光来强化空间效果。
第19天	博物馆	参考本书关于博物馆的绘画步骤图，搜集两张相关实景照片，对照照片绘制两张A3幅面博物馆效果图，注重取景角度和远近虚实变化，刻意绘制各类展示造型。
第20天	后期总结	自我检查、评价前期关于室内整体效果图的绘画图稿，总结其中形体结构、色彩搭配、虚实关系中存在的问题，将自己绘制的图稿与本书作品对比，重复绘制一些存在问题的局部图稿。
第21天	快题立意	根据本书内容，建立自己的室内快题立意思维方式，列出快题表现中存在的绘制元素，如墙体分隔、家具布置、软装陈设等，绘制两张A3幅面桌游吧、电玩室等公共空间平面图，厘清空间尺寸与比例关系。
第22天	快题实战	实地考察周边书吧或网吧，或查阅搜集资料，独立构思设计一处小型书吧或网吧平面图与主要立面图，设计并绘制效果图，编写设计说明，一张A2幅面。
第23天	快题实战	实地考察酒吧或咖啡吧，或查阅搜集资料，独立构思设计一处中等规模酒吧或咖啡吧平面图，设计并绘制重点部位的立面图、效果图，编写设计说明，一张A2幅面。
第24天	快题实战	实地考察周边茶室，或查阅搜集资料，独立构思设计一间中小面积茶室平面图，设计并绘制重点部位的立面图、效果图，编写设计说明，一张A2幅面。
第25天	快题实战	实地考察周边服装店，或查阅搜集资料，独立构思设计一处服装店平面图，设计并绘制重点部位的立面图、效果图，编写设计说明，一张A2幅面。
第26天	快题实战	实地考察周边写字楼中的办公空间，或查阅搜集资料，独立构思设计一处较小规模办公平面图，设计并绘制重点部位的立面图、效果图，编写设计说明，一张A2幅面。
第27天	快题实战	实地考察周边地产营销中心，或查阅搜集资料，独立构思设计一处地产营销中心平面图与主要立面图，设计并绘制效果图，编写设计说明，一张A2幅面。
第28天	备考总结	反复自我检查、评价绘画图稿，再次总结其中形体结构、色彩搭配、虚实关系中存在的问题，将自己绘制的图稿与本书作品对比，快速记忆一些自己存在问题的部位，以便在考试时能默画。

第一章　手绘基础

第一节　手绘工具

一、铅笔

在手绘效果图中，一般会选择1B或2B的铅笔绘制草图。因为1B或2B铅笔的硬度是比较适合手绘的手感的。太硬的铅笔有可能在纸上留下划痕，如果修改重新画的时候纸上可能会有痕迹，影响美观，而且手感不好，摩擦力会比较大。太软的铅笔对于手绘来说可能力度又不够，很难对形体轮廓进行清晰的表现。

与传统铅笔相比，自动铅笔更适合手绘。选用自动铅笔，绘画者可以根据个人习惯选择不同粗细的笔芯，一般认为0.7的笔芯比较适合，但是也有人选用0.5的笔芯，这个主要看个人的手感和习惯。此外，传统铅笔需要经常削，也不好控制粗细，因此现在大多数人更愿意选择自动铅笔。

二、绘图笔

绘图笔又称为针管笔，笔尖较软，用起来手感很好，比较舒服。而且绘图笔画出来的线条十分均匀，画面会显得很干净。型号一般选用0.1mm、0.2mm、0.3mm，还有粗一点的0.5mm、0.8mm型号的，但是用得不多，可以按需购买。品牌一般选择三菱、樱花，但是价格略高，初学者在练习比较多的时候可以选择英雄或晨光，价格便宜。

虽然网络上有很多用圆珠笔绘制的图，但是我们学习专业的手绘是绝对不能用圆珠笔或者水性笔的。因为圆珠笔容易形成墨团而且会溶于马克笔，所以画出的效果图会给人很脏的感觉。此外，如果长期练习A3幅面的手绘效果图，可以选用质量较好的中性笔，0.35mm与0.5mm各备一支，绘制线条的粗细可以轻松把握，而且线条效果与绘图笔非常接近。

▲2B绘图铅笔

▲自动铅笔

▲中性笔

▲绘图笔

手绘贴士

廉价的中性笔绘制线条时并不流畅，后期熟练了可以考虑购买品牌或进口中性笔。优质中性笔的绘画手感要高于绘图笔。

第1天

做什么

购买各种笔、纸、工具，购买量根据个人水平能力来定。在学习初期，画材的消耗量较大，待操作熟练了，水平提升了，画材的消耗就很稳定。初期可以购买廉价的产品，后期再购买品牌产品。

制订一个比较详细的学习计划，将日程细化到一天甚至半天，根据日程来控制进度，至少每天都要动笔练习，这样才能快速提升手绘效果图的水平。

▲美工钢笔

▲美工钢笔笔尖

▲草图笔

三、美工钢笔与草图笔

手绘美工钢笔的笔尖与普通钢笔的笔尖不一样，是扁平弯曲状的，适合勾线。初学者可以选择便宜一点的国产钢笔，后期最好选择好一点的红环、LAMY等品牌钢笔。

草图笔画出来的线条比较流畅，但是比一般针管笔粗，也可以控制力度画出稍细的线条，一气呵成地画出草图。针管笔线条均匀，适合细细勾画线条。目前日本派通的草图笔用得比较多。

▲马克笔

▲医用酒精

四、马克笔

马克笔是手绘的主要上色工具，通常选用酒精性（水性）马克笔。马克笔笔头是箱型，可以绘制粗细不同的线条，而且适合手绘大面积上色。全套颜色可达300种，但是一般手绘根据个人需要购买80~100支就够了。当马克笔出现干涸时，可以打开笔头，用注射器注入普通医用酒精，能延长马克笔的使用寿命。初学者可以选购国产Touch3代或4代，性价比较高。好一点的可以选择美国犀牛、AD、韩国Touch等，颜色更饱满，墨水更充足。

▲油性彩色铅笔

▲水溶性彩色铅笔

五、彩色铅笔

彩色铅笔是一种非常容易掌握的涂色工具，画出来的效果以及外形都类似于铅笔，一般用于整齐排列线条来强化色彩、材质的层次。彩色铅笔有单支系列、12色系列、24色系列、36色系列、48色系列、72色系列、96色系列等。一般选择48色或72色系列的即可。彩色铅笔有油性与水溶性两种，以马克笔为主的手绘效果图通常不考虑水溶技法，可以直接选购价格更便宜的非水溶油性彩色铅笔。

▲白色笔

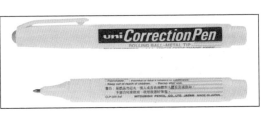
▲涂改液

六、白色笔与涂改液

白色笔是在效果图表现中提高画面局部亮度的好工具，白色笔以日本樱花牌最为畅销。

涂改液的作用与白色笔相同，只是涂改液的涂绘面积更大，效率更高，适合反光、高光、透光部位点绘。

第二节　绘图习惯

一、握笔的手法

　　手绘效果图时需要注意的几个握笔的要点。握铅笔时，小指轻轻放在纸上，压低笔身，再开始画线，这样可以让手指作为一个支撑点，能稳住笔尖，画出比较直的线条。握绘图笔或中性笔的手法与普通书写时无差异。但是在画快线时，特别是画横线时，手臂要跟着手一起运动，这样才能保证速度快线条直；当基础手绘练习得比较熟练时，可以把笔尖拿得离纸张远一点，提高手绘速度；运笔时要控制笔的角度，保证倾斜的笔头与纸张全部接触。正面握笔角度为45°左右，侧面握笔角度为75°左右。

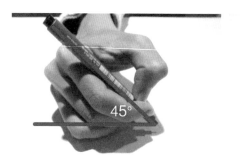

▲正面握笔角度　　　　▲侧面握笔角度

二、选笔的习惯

　　绘图笔的粗细品种很多，在A3幅面图纸中绘制，一般可以选用0.2mm、0.4mm、0.8mm三种型号，其他幅面参考A3幅面来变化，一般先用粗笔绘制主体轮廓线，再逐渐选用较细的型号。很多初学者对自己的运笔技法不自信，常常先用细笔，再用粗笔来重复描绘轮廓，造成不必要的双线，效果并不好。

　　马克笔的选笔是很多初学者比较纠结的问题，马克笔种类买得过多会导致无法快速选择合适的颜色，买得过少又画不出多样的变化来。解决这个问题其实比较简单，在着色之前，应当根据表现对象，从笔袋/盒中一次性选出合适的马克笔，复杂的表现对象最多只选三支，分别是浅色、中间色、深色，简单的表现对象只选两支，不必去记忆家具用多少号，墙面用多少号等，只根据画面关系来把控，选出来的马克笔从浅色到中间色，最后到深色依次着色。先选用的浅色着色面积较大，中间色与深色的着色面积逐渐减小，就能表现出良好的形体关系。当形体关系表现到位后，再选择辅助颜色来丰富画面，例如在以棕色为主的家具上增添少量红色花卉与黄色反射灯光，既能丰富画面，又能避免棕色的单调。当着色完毕后，用过的马克笔不要放回笔袋/盒，最后在整体调整中可能还会用到，避免再次

▲运用粗中细多种绘图笔绘制线稿

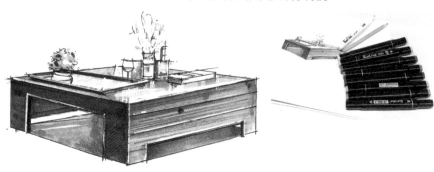

▲选好笔再绘制

▲保持彩色铅笔尖锐状态

▲覆盖马克笔区域

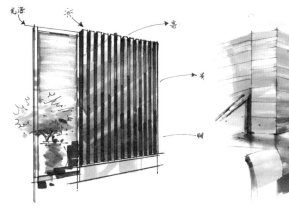

▲装饰墙面绘制

▲餐厅绘制

寻找用过的马克笔而浪费时间。

彩色铅笔一般用于面积较大的平涂区域。当马克笔着色完成后，马克笔的笔触之间会存在少量的颜色叠加或飞白，彩色铅笔能迅速覆盖和填补这些区域，让画面显得更稳重。彩色铅笔只用于中间色或深色区域，浅色区域一般不用。在选择时，应当选用比该区域深的颜色，这样才能起到覆盖的作用。运笔方式一般以倾斜45°为佳，右手持笔绘制出来的线条为左低右高的45°斜线。笔尖时刻保持尖锐状态，这样能绘制出更密集更细腻的线条，形成良好的覆盖面。

三、用笔的步骤

以马克笔为主的手绘效果图表现最大的优势就是快速，如果没有养成良好且严格的用笔步骤，容易在同一个局部反复绘制，导致画面脏灰。比较科学的用笔步骤是：

首先，采用铅笔绘制基本轮廓；

然后，用绘图笔或中性笔绘制详细轮廓，并用橡皮擦除铅笔痕迹；

接着，开始用马克笔着色，用彩色铅笔有选择地覆盖密集线条；

最后，用深色马克笔和绘图笔或中性笔加深暗部，用白色涂改液提亮高光或透白。

第2天 做什么

在绘图过程中常见的不良习惯有以下四种，要特别注意更正：

1. 长期依赖铅笔绘制精细的形体轮廓，认为一旦用了绘图笔或中性笔就不能修改了，造成铅笔绘制时间过长而浪费时间，擦除难度大而污染画面。依赖铅笔绘制精细的形体轮廓是对自己不自信，担心画不好可以单独练习线条，待线条操控到位了再正式开始绘制。

2. 对形体轮廓描绘和着色这两个步骤先后顺序没有厘清，一会儿用绘图笔绘制轮廓，一会儿用马克笔着色，一会儿又拿起绘图笔强化结构，在短时间内反复多次容易造成两种笔墨之间串色，导致画面污染，应当严格厘清前后关系，先轮廓后着色，这样能避免后期用马克笔反复涂绘而遮盖前期的轮廓。

3. 停留在一个局部反复涂绘，总觉得没画好，认为只有继续涂绘才能挽救。马克笔选色后涂绘是一次成形，只能深色覆盖浅色，而浅色是无法覆盖深色的。

4. 大量使用深色甚至黑色马克笔，认为加深颜色才能凸显效果，其实效果来自于对比，如果画面四处都是深色也就没有了对比，无从谈起效果。在整体画面中，比较合理的层次关系按笔触覆盖面积来计算，应该是15%深色，50%中间色，30%浅色，5%透白或高光。

第三节　线条练习

　　线条是塑造表现对象的基础，几乎所有的效果图表现技法都需要一个完整的形体结构。线条结构表现图的用途很广泛，包括设计工作的方方面面，如收集素材、记录形象、设计草案、图面表现等，严谨正确的绘制方法需要长期训练。

一、线条用笔

　　手绘效果图最流行的绘制工具是自动铅笔、绘图笔（针管笔）、中性笔、美工钢笔4种。

　　1. 自动铅笔

　　自动铅笔取代了传统铅笔，可以免削切，一般有0.35mm、0.5mm和0.7mm三种，根据效果图绘制的幅面大小来灵活选用，线条自由飘逸、轻重缓急随意控制。自动铅笔一般用来绘制底稿，力度要轻，以自己能勉强看见为佳，以免着色后再用橡皮擦除，破坏了整体图面的色彩饱和度。

　　2. 绘图笔

　　绘图笔主要有两种，一种是传统机械式绘图笔，又称为针管笔，一种是一次性绘图笔。前者可以填充墨水，多次使用，线条纯度高，绘制后要等待干燥，日常还需注意保养维护；后者使用轻松，但时间久了线条色彩会越来越浅，需要经常更换，使用成本较高。

　　3. 中性笔

　　中性笔主要用于书写，绘制连续线条时可能会出现粗细不均的现象，中性笔主要用来临时表达设计创意，也可以在此基础上覆盖马克笔或彩色铅笔着色。中性笔笔芯可以更换，一般为0.35mm、0.5mm，其中0.35mm一般用于绘制在纸张上，0.5mm中性笔可以在施工现场使用，随意在装饰板材、墙壁上绘制草图，适用性更广。目前，市面上还能买到红、绿、蓝、褐等多种色彩笔芯，丰富了线条结构的表现。

　　4. 美工钢笔

　　美工钢笔又称为速写钢笔，笔尖扁平，能绘制出形态各异的线条，粗细随意掌握，一般用于临时性结构效果表现，或者用来加强形体轮廓。更多的设计师习惯用于户外写生或快速记录施工现场的环境构造。

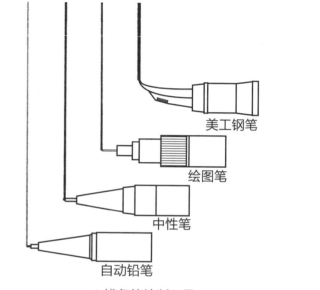

▲线条的绘制工具

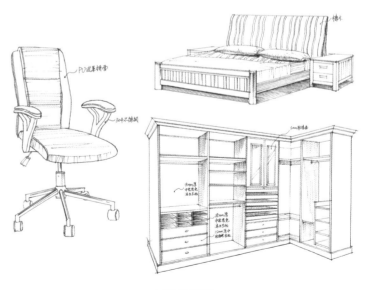

▲线条练习

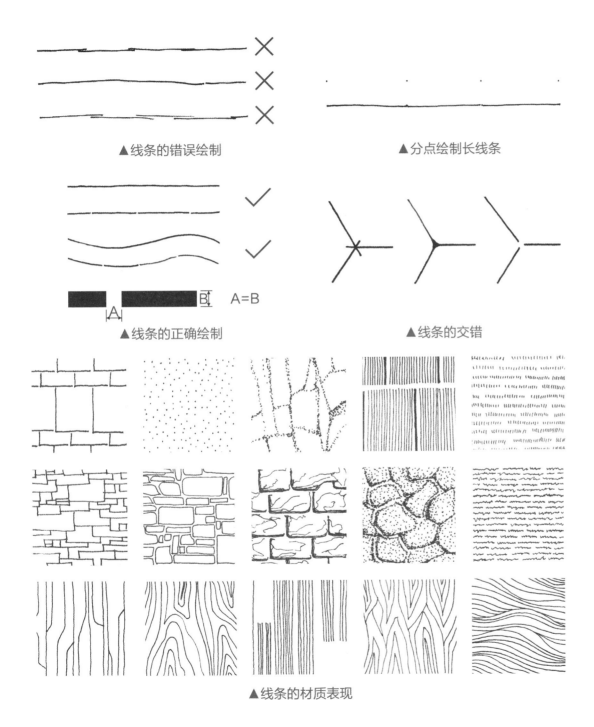

▲线条的错误绘制

▲分点绘制长线条

▲线条的正确绘制

A=B

▲线条的交错

▲线条的材质表现

二、线条基础绘制技法

各种线条的组合能排列出不同的效果，线条与线条之间的空白能形成视觉差异，出现不同的材质感觉。此外，经常用线条表现一些环境物品，将笔头练习当作生活习惯，可以快速提高表现能力，树木、花草、家具都是很好的练习对象。绘制这些景物要完整，待观察、思考后再作绘制，不能半途而废。针对复杂的树木，要抓住重点，细致表现局部；针对简单的家具，要抓住转折，强化表现结构。手绘线条要轻松自然，善于利用日常零散时间做反复练习。

绘制短线条时不要心急，一笔一线来绘制，切忌连笔、带笔，笔尖与纸面最好保持75°左右，使整条图线均匀一致。绘制长线条时不要一笔到位，可以分多段线条来拼接，接头保持空隙，但空隙的宽度不宜超过线条的粗度。线条过长可能会难以控制它的平直度，可以先用铅笔做点位标记，再沿着点标来连接线条，绘图笔的墨水线条最终会遮盖铅笔标记。线条绘制宁可局部小弯，但求整体大直。需要表达衔接的结构，两根线条可以适度交错；强化结构时，可以适度连接；虚化结构时，可以适度留白。绘制整体结构时，外轮廓的线条应该适度加粗强调，尤其是转折和地面投影部位。

为了快速提高，可以抓住生活中的场景，时常绘制一些植物、空间形体，有助于掌握线条的表现能力。

第3天

做什么

不要急忙着色，先对线条进行强化训练，把握好长直线的绘画方式，严格控制线条交错的部位，对圆弧线、自由曲线能一笔到位。

三、线条强化练习

1. 直线

直线分快线和慢线。画慢线是眼睛盯着笔尖画，容易抖，画出的线条不够灵动。画快线是一气呵成，但是容易出错，修改不方便。国内目前有很多用慢线画的效果图，慢线画的效果图的冲击力不够，给人比较严谨死板的感觉；但是快线要求有比较强的绘制能力，需要大量的练习才能掌握到精髓。

画长线的时候最好分段画。人能够保持精神集中的时间不长，把长线分成几段断线来画肯定会比一口气画出的长线直。分段画的时候，短线之间需要留一定的空隙，不能连在一起。

画直线的时候起笔和收笔非常重要。起笔和收笔的笔锋能够体现绘画者的绘画技巧以及熟练程度。起笔、收笔不同的大小往往能表现绘画者的绘画风格。

画交叉线的时候一定要注意的是两条线一定要有明显的交叉，最好是反方向延长的线，我们才能看得清。这样做交叉是为了防止两条线的交叉点出现墨团；交叉的方式也给了绘画者延伸的想象力。

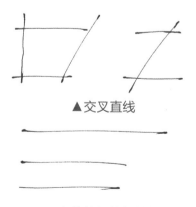

▲交叉直线

▲直线的起笔与收笔

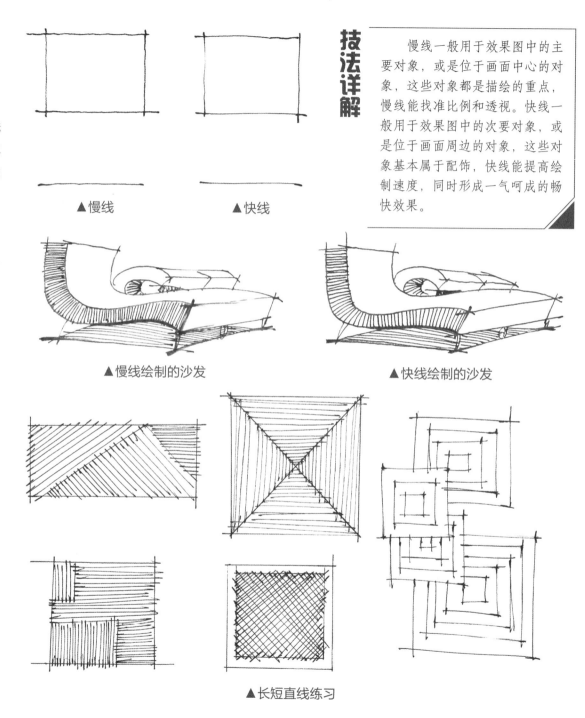

技法详解

慢线一般用于效果图中的主要对象，或是位于画面中心的对象，这些对象都是描绘的重点，慢线能找准比例和透视。快线一般用于效果图中的次要对象，或是位于画面周边的对象，这些对象基本属于配饰，快线能提高绘制速度，同时形成一气呵成的畅快效果。

▲慢线　▲快线

▲慢线绘制的沙发　▲快线绘制的沙发

▲长短直线练习

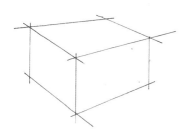

▲ 用尺绘制

▲ 徒手绘制

　　用尺绘制一般用于幅面较大且形体较大的效果图中的主要对象，如A3幅面以上且位于画面中心的对象。徒手绘制一般用于幅面较小且形体较小的效果图中的次要对象。

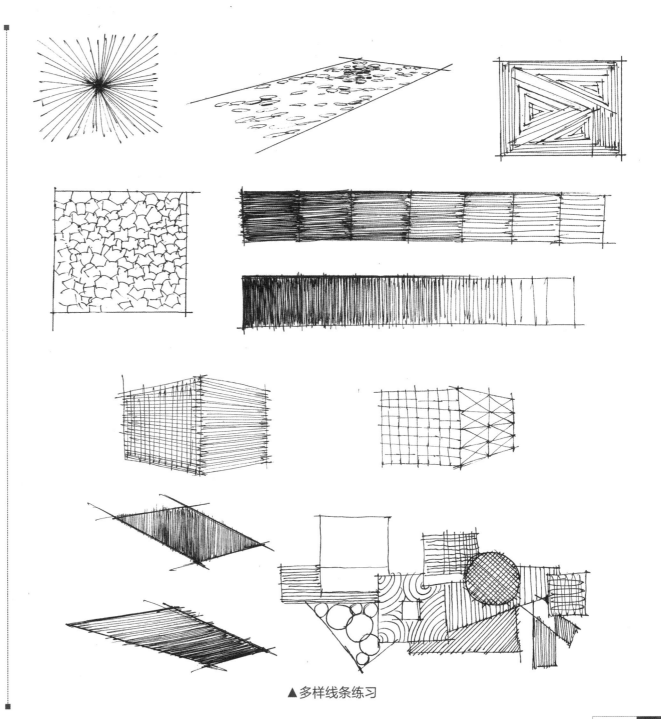

▲ 多样线条练习

2. 曲线

曲线和长线一样需要分段画，才能把比例画得比较好。如果一气呵成，可能导致画的不符合正常比例，修改不方便。曲线需要一定的功底才能画好，线条才能流畅生动。所以需要大量的练习，才能熟练掌握手绘基础。

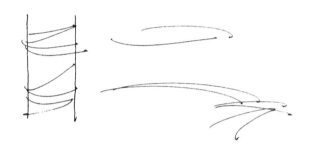

▲曲线

3. 乱线

乱线在表现植物、阴影等的时候会运用得比较多。画乱线有一个小技巧，直线曲线交替画，画出来的线条才会既有自然美又有规律美。

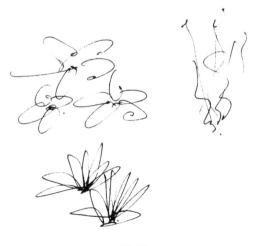

▲乱线

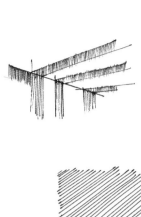

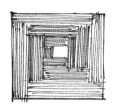
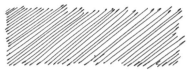

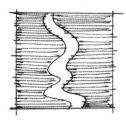
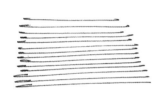
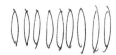

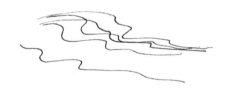

▲多样线条练习

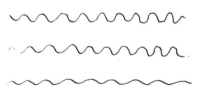

▲波浪线的画法

技法详解

波浪线适用于绿化植物、水波等配景的表现，也可以用于密集排列形成较深的层次。绘制波浪线尽量控制好每个波浪的起伏大小一致，波峰之间的间距保持一致，线条粗细保持一致即可。

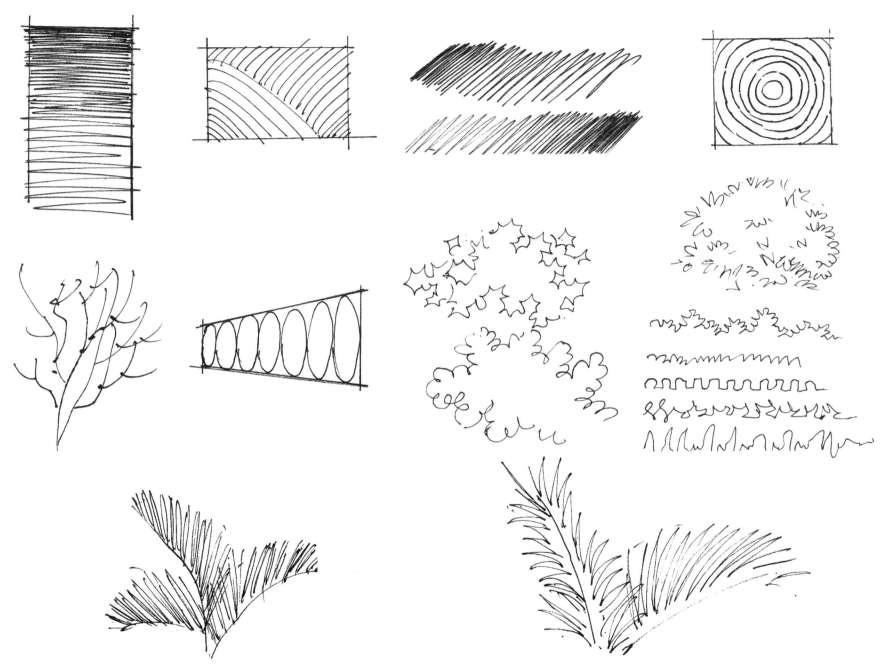

▲多样线条练习

第四节　透视基础

一、透视原理

手绘效果图的基础就是塑造设计对象形体的基础，对象形体表达完整了，效果图才能深入下去。透视原理是正确表达形体的要素，学习效果图透视原理要脚踏实地地展开。从局部、细节入手，为后期的深入打下坚实的基础，切不可操之过急。绘制效果图必须掌握透视学的基本原理以及常用的制图方法，一张好的手绘效果图必须符合几何投影规律，较真实地反映预想或特定的空间效果。

透视图是三维图像在二维空间的集中表现，它是评价一个设计方案的好方法。利用透视图，可以观察项目中的设计对象在特定环境中的效果，从而在项目进展的初期就能发现可能存在的设计问题，并将之很好地解决。

物体在人眼视网膜上的成像原理与照相机通过镜头在底片上的成像原理是一致的，只是人在用双眼来观察世界，而一般相机只用一个镜头来拍摄。如果我们假设在眼睛和物体之间设一块玻璃，那么在玻璃上所反映的就是物体的透视图。透视图的基本原则有两点，一是近大远小，离视点越近的物体越大，反之越小；二是不平行于画面的对象平行线其透视交于一点。

透视主要有三种方式：一点透视（平行透视），两点透视（成角透视）和三点透视。在一点透视中，观察者与面前的空间平行，只有一个消失点，所有的线条都从这个点投射出，设计对象呈四平八稳的状态，有利于表现空间的端庄感和开阔感。在两点透视中观察者与面前的空间形成一定的角度，所有的线条源于两个消失点，即左消失点和右消失点，它有利于表现设计对象的细节和层次。三点透视很少使用，它与两点透视比较类似，只是观察者的脑袋有点后仰，就好像观察者在仰望一座高楼，它适合表现高耸的建筑室内空间。

观察者所站的高度也决定着对室内空间对象的观察方式。仰视是一种从地面或地面以下高度向上看的方式，这种观察方式不常见。平视是最典型且最常用的方式，我们一般就是用这种方式观察周围物体的。最后一种方式是鸟瞰，即从某个对象的上方来观察它，这种方式比较适合表现设计项目的全貌。

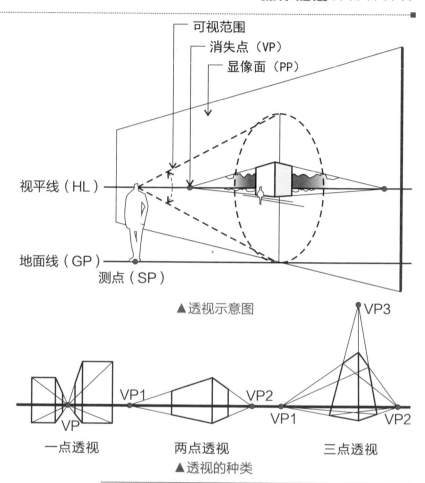

▲透视示意图

▲透视的种类

无论以往是否系统地学过透视，现在都要配合线条的练习重新温习一遍，对透视原理知识进行巩固。透彻理会一点透视、两点透视、三点透视的生成原理。先对照本书绘制各种透视线稿，再根据自己的理解能力独立绘制一些室内家具、陈设品的透视线稿。最初练习绘制幅面不宜过大，一般以A4为佳。

二、一点透视

　　一点透视是当人正对着物体进行观察时所产生的透视范围。一点透视中人是对着消失点的，物体的斜线一定会延长相交于消失点，横线和竖线一定是垂直且相互间是平行的。通过这种斜线相交于一点的画法才能画出近大远小的效果。

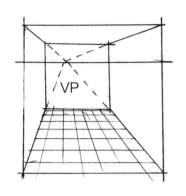
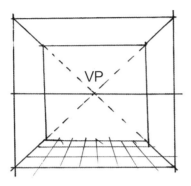

▲一点透视视点定位

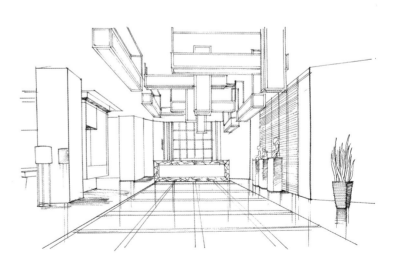

▲一点透视练习图

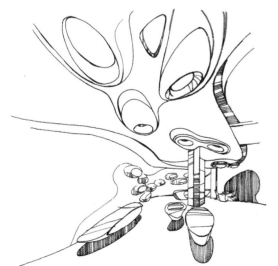

▲一点透视商业空间

▲一点透视住宅空间

▲一点透视展示空间

三、两点透视

当人站在正面的某个角度看物体时，就会产生两点透视。两点透视更符合人的正常视角，比一点透视更加生动实用。

一点透视是所有的斜线消失于一点上，两点透视是所有的斜线消失于左右的两点上，物体的对角正对着人的视线，所以才叫做两点透视。相较于一点透视，两点透视的难度更大，更容易画错。因为有两个消失点，所以左右两边的斜线既要相互交于一点，又要保证两边的斜线比例正常。

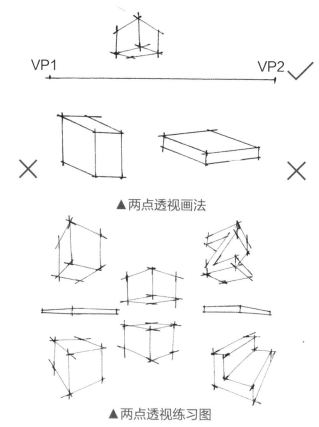

▲两点透视画法

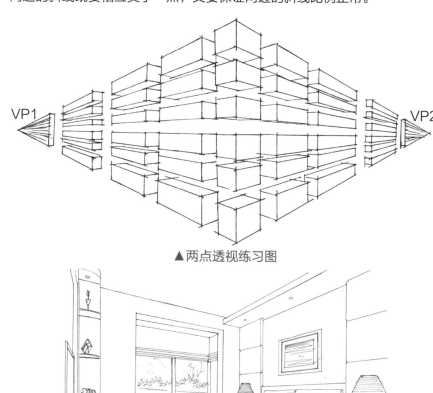

▲两点透视练习图

▲两点透视练习图

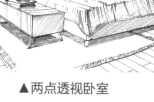

▲两点透视卧室

▲两点透视室内游泳池

四、三点透视

三点透视主要用于内部空间高大的室内空间效果图，绘制方法很多，真正应用起来很复杂，在此介绍一种快速实用的绘制方法。现在构建一个高耸形体的外观三点透视图，已经得知形体的整体长、宽、高，绘制一个仰视角度的透视图，它与普通两点透视的效果类似，但是形体顶部有向上的消失感，因此，视平线的定位要低一些。

在快速手绘效果图中，要定位三点透视的感觉比较简单，可以在两点透视的基础上增加一个消失点，这个消失点可以定在两点透视中左右两个消失点连线的上方（仰视）或下方（俯视），最终三个消失点的连线能形成一个近似等边三角形。

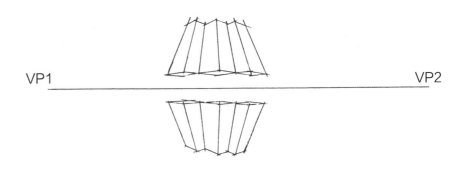

· VP3

VP1　　　　　　　　　　　　　　　　　　　　VP2

· VP3

▲三点透视画法

▲三点透视卫生间

▲三点透视储藏柜

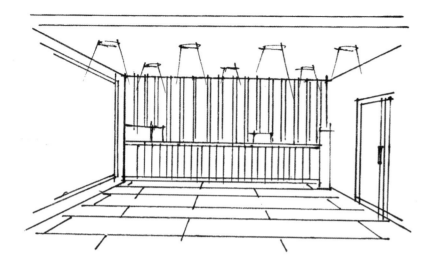

▲一点透视接待厅

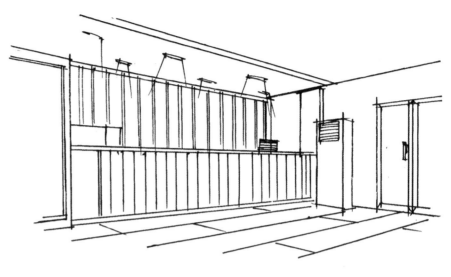

▲两点透视接待厅

学习手绘效果图，不仅要练习基础线条，最重要的是要学会透视原理。透视效果图不难理解，但是真正画起来也没那么容易，容易出现各种小错误。学习效果图透视一定不要操之过急，先打好基础之后，才能画出符合基本规律的效果图，再来发挥我们自己的创意与灵感。因为效果手绘图和真正的艺术是有区别的，要绘制出符合正常审美的透视图，才可能是一个成功的手绘效果图。

透视的三大要素是：近大远小、近明远暗、近实远虚。

离人的距离越近的物体画得越大，离人越远的物体画得越小，但是要注意比例。不平行于画面的平行线其透视交于一点。

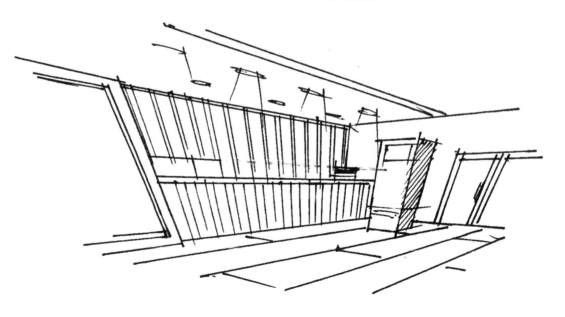

▲三点透视接待厅

第二章　室内单体表现

第一节　线稿与着色方法

一、线稿绘制

前章节对线稿的基础练习做了基本介绍，线稿在手绘效果图中相当于基础骨架，要提高绘图速度就应当多强化训练，要对线稿一步到位。

初学者对形体结构不太清楚，可以先用铅笔绘制基本轮廓，基本轮廓可以很轻，轻到只有自己看得见就行，基本轮廓存在的意义主要是给绘图者建立自信心，但是不应将轮廓画得很细致，否则后期需要用橡皮来擦除铅笔轮廓，浪费宝贵时间，同时还会污染画面。比较妥当的轮廓是大部分能被绘图笔或中性笔线条覆盖，小部分能被后期的马克笔色彩覆盖。有了比较准确的基本轮廓就一定能将形体画准确，为进一步着色打好基础。

二、马克笔着色

很多初学者都认为马克笔着色是最出效果的，马克笔的效果来自于马克笔的色彩干净、明快，能形成很强烈的明暗对比、色彩对比。此外，马克笔颜色品种多，便于选择也是其重要优点。但是马克笔也存在缺点，如不能重复修改，必须一步到位，笔尖较粗，很难刻画精致的细节等，这些就需要我们在绘制过程中克服。

本书图例所选用的马克笔是国产Touch3代产品，价格低廉，色彩品种多样。建议在选购时，可以购买全套168色，其中包括灰色系列中的暖灰WG、冷灰CG、蓝灰BG、绿灰GG，能满足各种场景效果图使用。可以将买到的马克笔颜色制作成一张简单的色彩图，贴在桌旁，在绘制时可以随时查看参考。

第5天

做什么

对前期的练习进行总结，找到自己的弱点加强练习，先临摹2～3张A4幅面线稿，以简单的小件物品为练习对象，再对照实景照片，绘制2～3张A4幅面简单的小件物品。

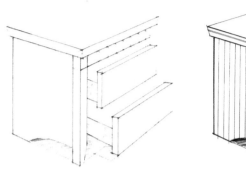

▲铅笔轻轮廓

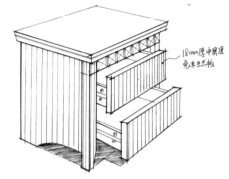

18mm厚中密度免漆生态板

▲中性笔线稿

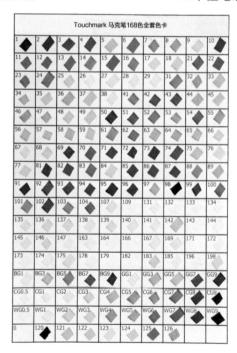

▲Touch3代马克笔色卡

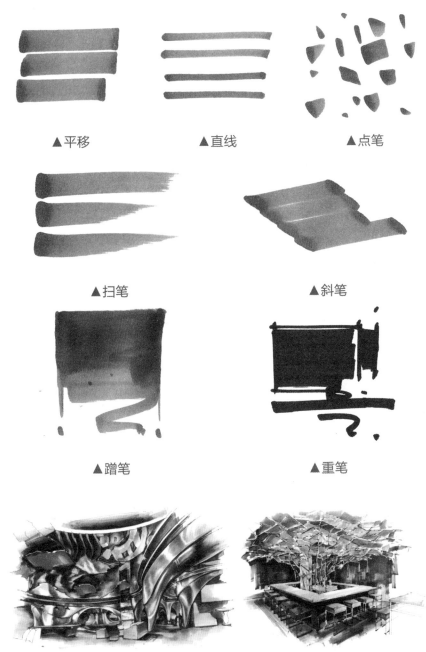

▲平移　　　　　▲直线　　　　　▲点笔

▲扫笔　　　　　　　　▲斜笔

▲蹭笔　　　　　　　　▲重笔

▲涂改液点白　　　　　▲中性笔点白

1. 常规技法

（1）平移。这是最常用的马克笔绘制技法。下笔的时候要干净利落，将平整的笔端完全与纸面接触，快速、果断地画出笔触。起笔的时候，不能犹豫不决，不能长时间停留在纸面上，否则纸上会有较大面积积水，形成不良效果。

（2）直线。这跟我们用绘图笔或中性笔绘制直线是一样的，一般用宽头端的侧锋或用细头端来画，下笔和收笔时应当做短暂停留，停留时间很短，甚至让人察觉不到，主要目的是形成比较完整的开始和结尾，不会让人感到很轻浮。由于线条较细，因此这种直线一般用于确定着色边界，但是也要注意，不应将所有着色边缘都用直线来框定，会令人感到僵硬。

（3）点笔。主要用来绘制蓬松的物体，如植物、地毯等。也可以用于过渡，活泼画面气氛，或用来给大面积着色做点缀。在进行点笔的时候，注意要将笔头完全贴于纸面。点笔时可以做各种提、挑、拖等动作，使点笔的表现技法更丰富。

2. 特殊技法

（1）扫笔。在运笔同时快速地抬起笔，并加快运笔速度，用笔尖留下一条长短合适、由深到浅的笔触。扫笔多用于处理画面边缘或需要柔和过渡的部位。

（2）斜笔。斜笔技法用于处理菱形或三角形着色部位，这种运笔对于初学者很难接受，但是在实际运用中却不多，运笔可以利用调整笔端倾斜度来处理出不同的宽度和斜度。

（3）蹭笔。用马克笔快速地来蹭出一个面域。蹭笔适合过渡渐变部位着色，画面效果会显得更柔和、干净。

（4）重笔。重笔是用WG9号、CG9号、120号等深色马克笔来绘制，在一幅作品中不要大面积使用这种技法，仅用于投影部位，在最后调整阶段适当使用，主要作用是拉开画面层次，使形体更加清晰。

（5）点白。点白工具有涂改液和白色中性笔两种。涂改液用于较大面积点白，白色中性笔用于精确部位的细节点白。点白一般用在受光最多、最亮的部位，如光滑材质、玻璃、灯光、交界线等亮部。如果画面显得很闷，也可以点一些。但是高光提白不是万能的，不宜用太多，否则画面会看起来很脏。

第二节　材质表现

　　在室内效果图的表现中，各种家具、墙地面的材质是表现的重点，材质的真实性直接影响效果图的质量。仔细观察生活中所有物体表面材质，会发现不同材质的区别在于明暗对比和色彩对比。对比强烈的主要是玻璃、瓷砖、抛光石材等光洁的材质，对比平和的主要是涂料、砖石等粗糙的材质。希望加强对比，还可以在高光、亮部采用涂改液点白。此外，还有在材质表面的运笔，马克笔平铺适用于表面平整的材质，如墙面、地面。点笔与挑笔混合适用于柔软、蓬松的材质，如布艺沙发、地毯。

　　马克笔着色完成后，还可以有选择地使用彩色铅笔排列45°倾斜线平铺，这样能覆盖马克笔直接相互叠加或留白的痕迹，能让材质表现得更平整，使画面效果更整体。当然这种技法一般只针对面积较大的着色对象，不应对整个画面覆盖，否则也无法区分多种材质，无法有效形成材质自身的对比。

第6天

　　临摹本章节室内各种材质的质地与形体，注重材质自身的色彩对比关系，着色时强化记忆材质配色，区分不同材质的运笔方法。此外，更多材质可以参考相关图片，或对身边的真实材质拍照并打印，对着照片绘制。

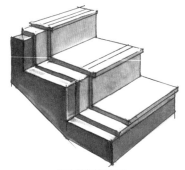

石材铺装楼梯

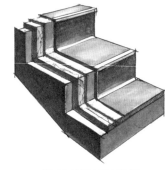

PVC地胶铺装楼梯

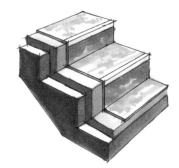

地毯铺装楼梯

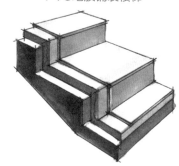

瓷砖铺装楼梯

▲台阶材质单体表现

PVC地胶铺装地面

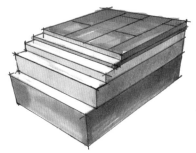

复合木地板铺装地面

地砖铺装地面

石材铺装地面

▲地面材质单体表现

壁纸铺贴墙面

乳胶涂刷墙面

瓷砖铺装墙面　　　锦砖铺装墙面

▲墙面材质单体表现

玻璃	水面	不透光窗帘	透光窗帘
皱褶布艺	藤质	皮革	木板
平整绿化	毛发	小块墙砖	大块墙砖
文化石	瓷砖	毛石	石材

▲各类常用材质单体表现

第三节　饰品表现

饰品是室内手绘效果图中的点睛之笔，一般体量较小、色彩单纯，对空间起点缀作用。室内饰品主要包括花瓶、画框、摆件、屏风等，一般放在家具上或挂在墙上。

饰品在手绘效果图的表现中，往往容易被人忽视，其实饰品的绘画相对比较简单，它不仅具有室内效果图中各种构造、家具的体积、明暗关系，还具备多样的色彩。在结构表现时注意分清主次，主要饰品可以精致绘制，深入刻画，但是不能喧宾夺主，掩盖了效果图中的主体构造、家具，次要饰品要将形体与透视绘制准确，所赋予的笔墨不应当过多，线条轻松、纤细为佳。

在选色配色中，首先考虑的是饰品的固有色，然后要考虑画面的环境色，在固有色准确的基础上尽量向环境色靠近一些，但是不要失去固有色的本质。饰品自身的明暗对比不宜过大，不要超过整个图面中的主要表现对象。

大多数饰品的暗部面积不是很大，在选用深色时可以将两种颜色叠加，颜色会更深，体积感会更强，但是也要注意，不能在饰品等次要设计绘制对象上用过深的颜色，尤其是黑色，否则会让整幅作品无止境地深下去。

最常见的室内饰品是花瓶、挂画等物品，在选配颜色时要精准挑选颜色，一般对同一种材质要选择2种颜色，一深一浅，先画整体浅色，后画暗面深色。对于特别简单的次要饰品可以只选择一种颜色，先画整体，后在暗面覆盖1～2遍相同色彩，如果觉得深度不够，还可以用较深的彩色铅笔倾斜45°排列线条，平涂一遍。

第7天

先临摹2～3张A4幅面饰品，厘清饰品构筑物的结构层次和细节，对必要的细节进行深入刻画，特别注意转折明暗交接线部位的颜色，再对照实景照片，绘制2～3张A4幅面简单的小件物品。

强化斜线适用于深色玻璃质饰品的暗部

在较深的饰品上用涂改液点出高光

表面凸凹不平的花瓶可用多种颜色点绘而成

▲饰品单体表现

弱化装饰画中的形象，
可用彩色铅笔覆盖

较复杂的曲线形体可
以用彩色铅笔覆盖

在花盆侧面少量用一
些台布上的颜色，表
现出反光效果

较复杂曲折的枝叶上可
以先用较深颜色，再用
涂改液绘制折线的形体，
强化枝叶的对比

为了不过于表现亮面
与高光，可以在使用
涂改液后10秒左右用
手指将其从画面上快
速擦除，表现出比较
稀薄的白色亮面

▲饰品单体表现

位于背光位置的饰品色
彩尽量简化，但是外框
轮廓形体应当挺括

完全正面的木质雕花格
栅应当细致刻画，自身
的对比可以稍许弱些

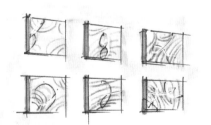

屏风下部颜色较深，受光面局部被盆栽遮挡，
屏风上部颜色较浅，充分受光，色彩纯度高

▲饰品单体表现

第四节　家具表现

家具是室内手绘效果图中的重要组成部分，严格来说，室内手绘效果图就是家具效果图，家具在图面中占据的比例达到了80%以上，家具的体积、色彩、质地直接影响效果图质量。

对家具的绘制首先要把握好体积关系，室内家具的体积感塑造主要来自于灯光，灯光位于室内空间顶面，那么位于画面中央的家具顶面都是受光面，着色最浅。在最初对画面整体着色时，家具顶面应当少着色或不着色。对家具的侧面要进行仔细分析，找出接近光源方向的面定位为过渡面或灰面，找出远离光源方向或背光面定位为暗面，采用同一种颜色马克笔将这两个面全覆盖，再选择更深一个层次的同色马克笔对暗面再覆盖一遍。最后根据主次关系，可以选用深灰色或黑色马克笔强化投影，同时用更深的彩色铅笔在暗部覆盖排列线条，让暗部层次进一步拉开，最终就能将整个家具的体积感塑造出来。

家具的质地非常丰富，在手绘效果图中，要刻意塑造集中不同材质的家具，如布艺、木材、玻璃、光洁油漆、金属等，搭配不同颜色，让家具效果更加丰富，即使地面、墙面、顶面的设计造型稍许简单，也不会让人感到画面单调。

家具的效果还来自于地面投影，投影一般为深灰色，是偏暖还是偏冷要根据地面材质与整体画面色调来确定，但是大多数地面投影都偏暖，用暖灰色较多，最终在主体家具的投影上可以运用少量黑色，或用绘图笔排列密集线条来强化。家具的亮部不一定都需要采用涂改液点白，但是进行必要的留白能进一步强化对比，提高家具的体积感。

第8天

先临摹2~3张A4幅面家具，分出不同材质家具的多种颜色，厘清光照的远近层次，要对亮面与过渡面进行归纳再绘制，不能完全写实，再对照实景照片，绘制2~3张A4幅面简单的单体家具。

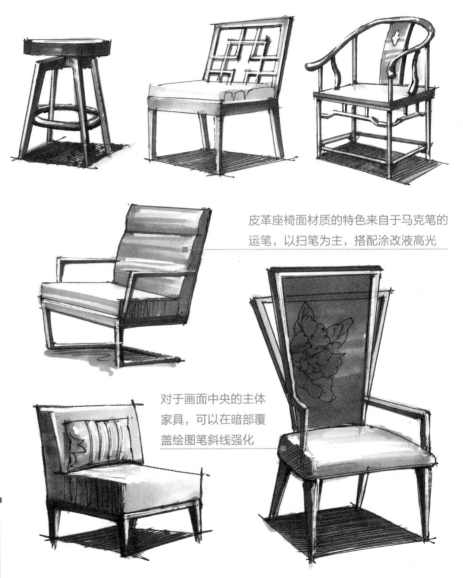

皮革座椅面材质的特色来自于马克笔的运笔，以扫笔为主，搭配涂改液高光

对于画面中央的主体家具，可以在暗部覆盖绘图笔斜线强化

▲家具单体表现

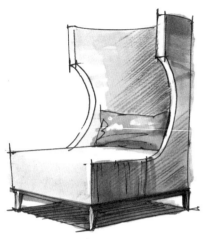

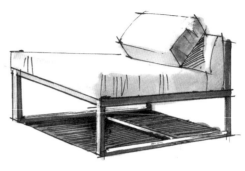

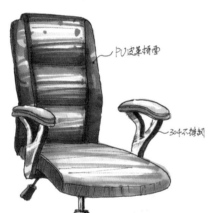

PU皮革擀面

304不锈制

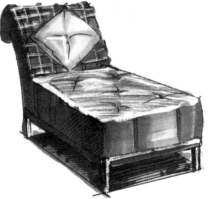

第9天
做什么

先临摹2~3张A4幅面组合与大型家具，分出家具中主次关系，对不同方向的亮面、过渡面、暗面进行仔细比较分析，能区分复杂家具中的不同材质，再对照实景照片，绘制2~3张A4幅面组合与大型家具。

5mm厚玻璃面

9mm厚
中宏度克
漆生态板

18mm厚中密度克漆生态板

18mm厚
中宏度克
漆立态板
18mm厚中
密度克漆板

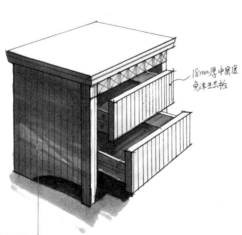

金属椅脚选用深灰色马克笔，配置白色高光对比强烈

家具暗部运笔不一定要顺应着结构来，以受光方向从上向下渐变

▲家具单体表现

半透明的纱帘底部的结构依然清
晰可见，但是着色以浅蓝色为主

纱帘也有明暗交接线，亮部少画
或不画，暗部要表现出透光和反
光效果可以用涂改液排列线条

床上用品上表面是主要受光面，
一般不着色或少着色

加深地面阴影能衬托出家具浅色

受光面的面积很大，因此不能完
全不着色，颜色从下向上逐渐变
浅，用马克笔与彩色铅笔交替表
现出木纹效果

技法详解

室内家具离不开
布艺、皮革等材质，
要将这些材质与传统
的木材区分开，关键
在于色彩与明度的对
比。传统木材对比更
强烈，在同一面域上
深、浅笔触对比强
烈，有深色也有浅
色，这些对比来自于
木材表面的油漆反
光，而布艺、皮革的
着色对比就相对较
弱，比较平和。

在组合家具中，受光面要保持
统一，将各家具的顶面设为统
一受光面，统一着色，不同家
具在色相上区分开即可

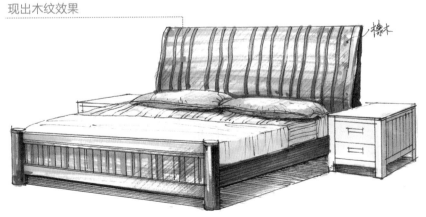

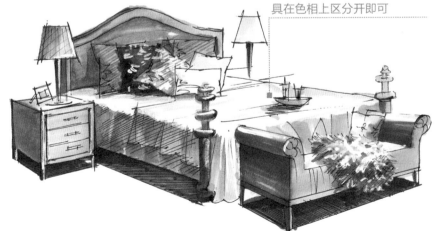

▲家具单体组合表现

第五节　设备表现

设备是指室内手绘效果图中的灯具、洁具、电器等物品，这些都是现代效果图中所必备的构件。设备表现方法与家具类似，但是又明显区别于家具，它没有家具材质、色彩的复杂多样，在效果图中主要起到点缀作用。但是设备能反映出准确的历史时期，如最新款的灯具、电视机等设备能让效果图增色不少。

灯具的表现重点在于灯罩，选用高纯度色彩覆盖，一般只选用一种马克笔，受光面不画或少画，主要画背光面。对于通体发光的球形灯具也要找出明暗面，必定有一部分是最亮的，另一部分相对较暗，在着色时只画暗部即可，千万不能将灯具的发光体画成家具般的立体效果。灯具散发出来的光在作表现时，只是在少数昏暗的环境下才会用较浅且纯度较高的黄色来简单表现。

形体较大的电器设备一般位于画面边缘，且自身的颜色较浅，如冰箱、洗衣机等。这些物件的画法与家具类似，但是要强化亮面对比，亮面适当留白，暗面一般紧贴墙或其他家具，因此颜色可以用深灰色。

电视机与电脑显示器的屏幕是画深色还是画浅色没有定论，一般位于画面中央或处于正面角度的显示器可以用浅蓝色简单表现，或将显示器当作窗户来表现。位于侧面且屏幕面积很窄小时，可以选用深灰色，并用白色涂改液绘制高光。

由于设备表面大多是塑料、金属等反光度较高的材质，因此在亮面、过渡面可以有选择地采用涂改液点白，既能表现高光，又能表现出着色的明暗对比，进一步丰富画面效果。

第10天 做什么
先临摹2~3张A4幅面单体灯具、电器，分出金属、塑料的多种颜色，厘清画面中接受光照的远近层次，收集一些当今最时尚的设备造型，能区分不同颜色的设备，再对照实景照片，绘制2~3张A4幅面的设备。

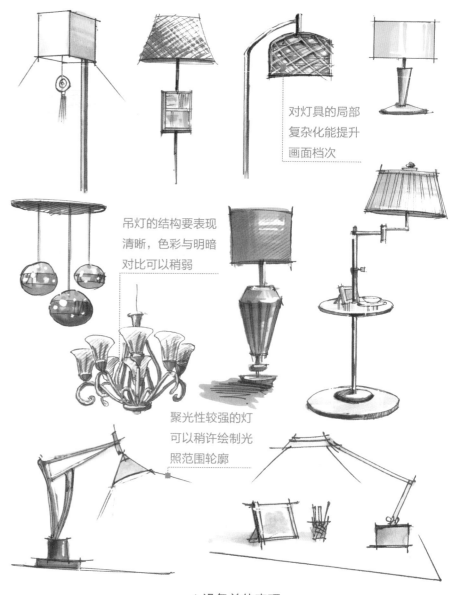

对灯具的局部复杂化能提升画面档次

吊灯的结构要表现清晰，色彩与明暗对比可以稍弱

聚光性较强的灯可以稍许绘制光照范围轮廓

▲设备单体表现

完全为白色的陶瓷洁具可以选用浅蓝色与浅灰色表现，明暗对比较弱即可

家用电器侧面的颜色可以很深，在大多数情况下，这类设备的暗部会被其他家具构造遮挡

对于整体都是黑色的钢琴可以根据环境来选用灰色绘制，同样也要表现出体积关系

正面角度的显示器一般选用浅色，但是要有深色边框衬托

室内设备效果图中的工业产品不宜刻画过于细致，仍应将其当作一件设备来画

▲ 设备单体表现

第六节　门窗墙面表现

在室内效果图的表现中，门窗是室内空间立面上比较重要的组成部分，门窗的处理会直接影响到效果图的整体效果。我们在表现时，需要将门框、窗框尽量画得窄一些，然后添加厚度，这样才会显得不单调且有立体感。一般凹入墙体的门窗在上沿部分都会有投影产生。

门窗的玻璃颜色一直是初学者比较纠结的，不知道该用什么颜色好，其实玻璃颜色来自于室内外影像的反射。我们通常用中性的蓝色、绿色来表现，至于选用哪些标号的马克笔就没有定论了。不要对门窗玻璃颜色选用固定模式，应随着环境的变化来选择。如果门窗玻璃面积大，周围物体少，可以在玻璃上赋予3~5种深色；门窗玻璃面积小，周围物体多，可以在玻璃上赋予1~2种深色。颜色的选用一般首选深蓝色与深绿色，为了丰富凸面效果，可以配置少量深紫色、深褐色，但是不要用黑色。

墙面是室内空间绘制的重要组成部分，很多初学者感到墙面无从下手，不知道白墙上该选用什么颜色。对于这一点必须要纠正，室内效果图体现的是设计效果，白墙没有设计，自然也就没有效果。效果图绘制的过程也是设计的过程，一定要选择空间中1~2面墙作为主体设计对象，在墙面上设计凸凹不同的造型，并赋予各种材料，这样就能将墙面画好，或者说将墙面当作家具来绘制。但是墙面的整体明度、色彩对比不能超过家具，一般不用深灰色或黑色来绘制暗部，对形体的刻画也不能超过家具主体。最后也要把握好主次，不要对画面中所有墙面都进行精细刻画，不重要的白墙可以从底部向上简单覆盖浅色马克笔即可。

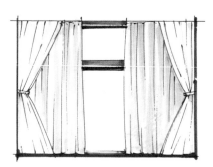

窗外的颜色一般选用浅蓝色，配合少量蓝色彩色铅笔绘制表现出丰富的过渡

窗外浅色应当横跨多扇窗户，可以先画窗外再画窗框，窗外浅色应当给人一气呵成的连贯效果

如果发现颜色覆盖过深，可以用涂改液点白

有阳光从窗外强烈照射进来时，可以用绘图笔排列线条来强化光影

▲门窗单体表现

第11天

微什么

先临摹2张A4幅面门窗墙体，仔细观察门窗玻璃上呈现出的真实色彩，注重反光颜色与高光颜色之间的关系，设计并绘制墙体上的装饰造型，再对照实景照片，绘制2张A4幅面门窗墙体。

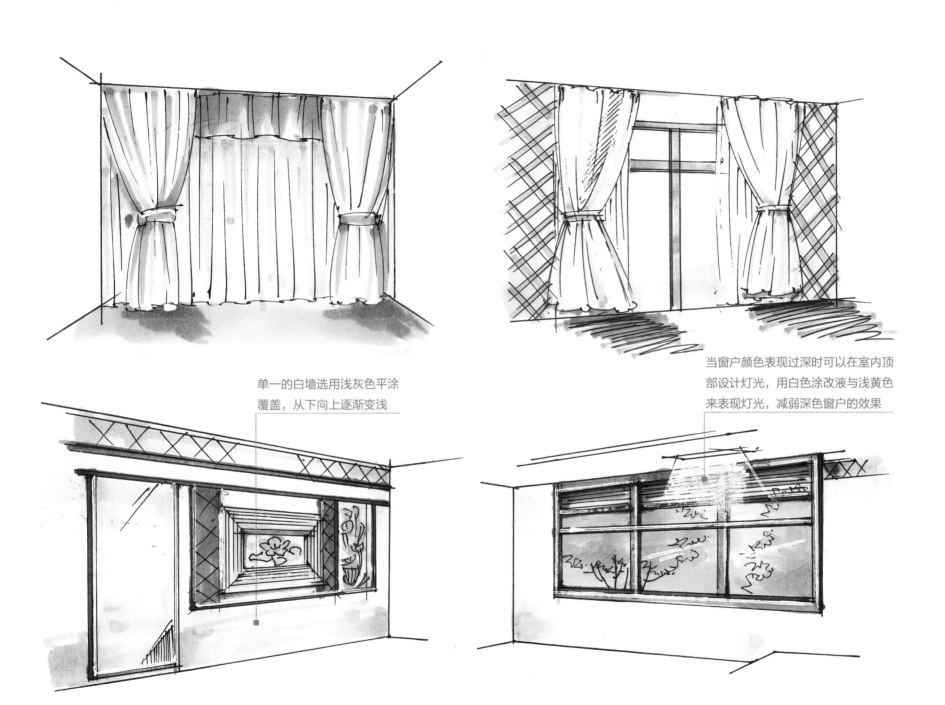

单一的白墙选用浅灰色平涂
覆盖，从下向上逐渐变浅

当窗户颜色表现过深时可以在室内顶
部设计灯光，用白色涂改液与浅黄色
来表现灯光，减弱深色窗户的效果

▲门窗墙面单体表现

硬包墙面的表现比较简单，
在平铺着色后顺应分格进
行点笔或摆笔

较小的木格墙可以适当留白，
马克笔纵、横向运笔时贴着
绘图笔线条，但是不应完全
将线条覆盖

内部有灯光的墙体可以选用
暖色绘制，每个格子从下向
上变浅，运笔自然流畅，具
有一气呵成的效果

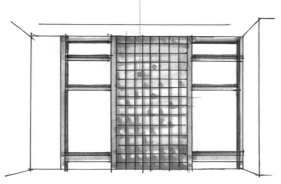

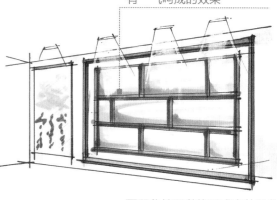

软包电视背景墙比较蓬松，根据凸凹
结构绘制深浅不一的笔触，同时加深
下部颜色显得稳重

砖石墙面要表现粗糙质地，
应当在铺底色后多运用点
笔，最后用彩色铅笔排列
线条平铺，达到粗糙效果

要弱化墙面装饰画或窗外景色，
可以在顶部设计灯光，用白色
涂改液与黄色马克笔交替，同
时用手指擦拭形成较薄的涂改
液膜，达到淡化效果

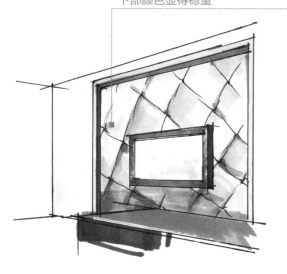

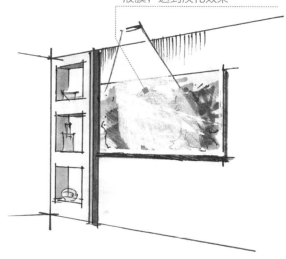

▲墙面单体表现

砖石材质是墙面装饰的重
点，在效果图绘制过程中
不清楚该如何装饰墙面时，
可以采取这种形式

▲墙面单体表现

第七节　绿化植物表现

　　室内绿化植物大多是指盆栽观叶、观花植物，少数大型室内空间会有小型灌木搭配。在表现时要注意花卉的形体结构要区别于常见的绿化植物，当常见的灌木多以一直二曲的线条来表现时，那么花卉可以用圆形、三角形、多边形来表现。

　　花卉所处的高度一般与地面比较接近，着色时需要在明暗与色彩这两重关系上被绿叶衬托。首先，注意明暗，花卉周边的绿色环境应当较深，为灌木着色时可以对花卉的位置预留，或者先画花卉，再在花卉周边绘制较深的绿色，这样能从明暗上衬托出浅色花卉。然后，注意色彩关系，单纯的绿叶配红花会显得比较僵硬，花卉的颜色应当丰富化，橙色、紫色、浅蓝色、黄绿色都可以是花卉的主色，并且可以相互穿插，多样配置。如果只是选用红色，那么尽量回避大红、朱红之类的颜色，否则红绿搭配会显得格外突出，弱化了主体对像。最后，可以根据需要适当绘制1~2朵形体较大的花卉，选择一深一浅2种同系颜色来表现体积，甚至还可以在亮部点白表现高光。当然，这类处理不要大面积使用，容易喧宾夺主。

　　整体而言，花卉绘制在室内效果图中会涉及，但是需要绘画的内容不是很多，也不太复杂。马克笔真正的精髓在于明暗对比，这在花卉的表现上特别突出，浅色植物被深色植物包围，而深色植物周边又是浅色墙面或家具，绿化植物自身又形成比较丰富的深浅体积。因此，只要掌握好运笔技法与颜色用量，就能达到满意的画面效果，要注意的是虚实变化。注意植物暗部与亮部的结合。马克笔点画的笔触非常重要，合理利用点笔，画面效果会显得自然生动。

在花瓶暗部强化绘图笔黑色线条能凸显体积感

涂改液点白的形态应当与叶片形态统一

玻璃瓶采用浅蓝色，水中颜色较深并点缀绿色来强化阴影

第12天 做什么

　　先临摹2~3张A4幅面绿化植物，分出花卉与绿叶多种颜色，厘清花卉与绿叶之间的关系，能绘制出花卉的细部构造，再对照实景照片，绘制2~3张A4幅面简单的绿化植物。

▲绿化植物单体表现

阔叶绿化植物的近处叶脉结构线条应当清晰完整，远处可以有选择地绘制轮廓。着色要分清明暗面，甚至要强化明暗交接线。绿色应当丰富，主体纯度高，远处或暗部绿色可选用偏灰、偏棕绿色。亮部高光主要集中在一处，不宜均匀点缀。

阔叶植物前景较鲜亮，后景较深灰，形成前后对比

小叶植物采用点笔技法着色，少量深色压住浅色即可

植物底部为暗部背光，可以适当运用深灰色或黑色

▲绿化植物单体表现

自我检查、评价前期关于室内单体表现的绘画图稿，总结其中形体结构、色彩搭配、虚实关系中存在的问题，将自己绘制的图稿与本书作品对比，重复绘制一些存在问题的图稿。

花卉轮廓绘制细致，但绿叶的轮廓不宜画得过多

水中花卉可以先绘制花卉与绿叶，最后覆盖一遍蓝色，并点高光

鲜亮的花卉依靠深色绿叶来衬托

白色涂改液点在深色花瓣上才能形成对比效果

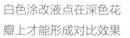

中心发射式花卉绘制比较简单，应将结构、色彩记忆下来用于效果图表现

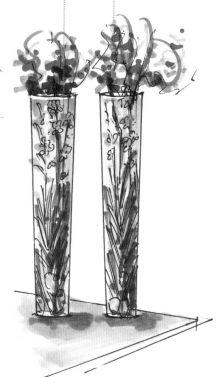

▲绿化植物单体表现

第三章　室内效果图步骤

第一节 住宅空间

本节绘制一幅住宅客厅效果图,主要表现多个界面的主次关系,重点在于绘制家具。

首先,根据参考照片绘制出线稿,对主体对象的线稿的表现尽量丰富。然后,开始着色,快速将画面的大块颜色定位准确,深色的地面与阴影能衬托出较浅的沙发。接着,对沙发与电视背景墙深入着色,墙面的色彩浓度与笔触不要超过家具。最后,对局部投影深色进一步加深,用涂改液将电视与灯具做点白处理。

第14天

参考本书关于住宅空间的绘画步骤图,搜集两张相关实景照片,对照照片绘制两张A3幅面住宅室内效果图,注重墙面的主次关系与地面投影。

▲实景参考照片

近处家具与陈设品可以细致刻画,用于平衡整个构图关系

近处沙发的蓬松感通过简洁的曲线来表现,与直线形成对比

对电视背景墙复杂造型逐一刻画,这是画面的重点

将复杂的顶面灯具结构逐一绘制出来,它位于空旷顶面能平衡画面重心

在墙面底部的地面投影上可以根据画面整体要求局部绘制一些密集线条来平衡画面

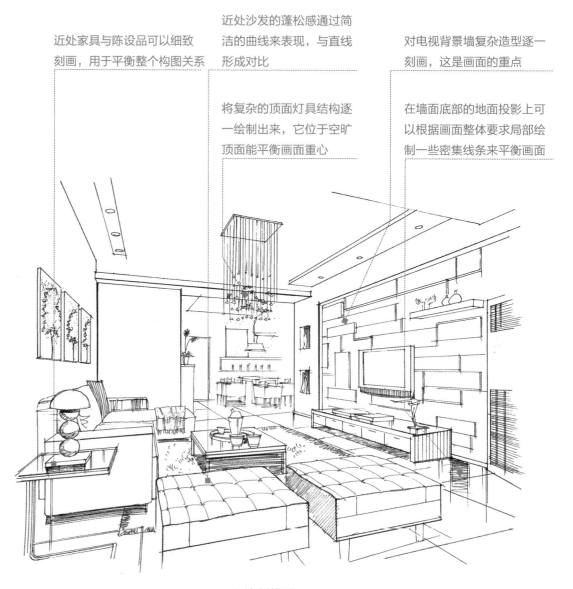

▲绘制线稿

基层着色运笔不用太讲究，顺应结构填色即可　　　　远处空间要区分相邻两面墙体　　　背景墙的明暗关系要先确定下来

▲基本着色

近处沙发侧面运用笔触来区分明暗关系　　将远处空间家具体积关系表现出来　　将凸出与内凹墙面形体着色加深

▲丰富层次着色

顺应墙体透视结构绘制　　加深家具底部投影　　加深吊灯蓝绿色玻璃，同时点白　　加深体块侧面阴影　　彩色铅笔排列线条

▲增添细节完成

第二节　酒店大堂

本节绘制一幅空间较大的酒店大堂效果图，主要表现复杂的背景墙与空间的纵深感。

首先，根据参考照片绘制出线稿，对主体对象背景墙的表现尽量准确。然后，开始着色，快速将主要墙面、地面等大块颜色定位准确，颜色既要丰富又不能显得凌乱。接着，对左右两侧墙面与构造简单表现投影，并深入刻画主体背景墙。最后，细致刻画背景墙上的体块。整幅画面特别注意背景墙从下向上逐渐变浅的色彩关系，以及深色外围墙面对中央浮雕墙面的衬托。

第15天
做什么

参考本书关于酒店大堂的绘画步骤图，搜集两张相关实景照片，对照照片绘制两张A3幅面大堂空间效果图，注意主体墙面的塑造，深色与浅色相互衬托。

▲实景参考照片

弧线用慢线画，保持线条的方向性，主要结构加粗

主要结构依靠直尺来绘制，体现出空间的开阔大气，比例要准确

地面结构是用于表现透视的纵深感，应当准确无误

位于画面中心的装饰画主体形象应当准确细致，方便后期着色

窗帘绘制应当细致，把握好透视，与左侧弧形建筑结构形成呼应

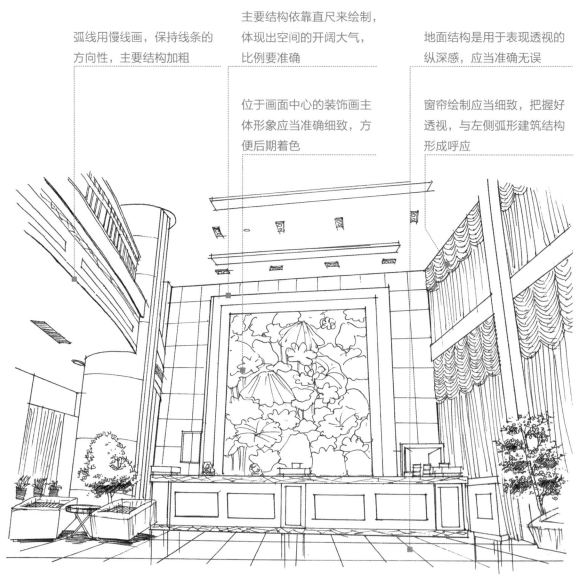

▲绘制线稿

二层底部与柱子统一着色，
为下一步打好基础

区分背景墙上的色彩关系，
选用不同黄色分开绘制

窗帘楣帘运笔方式随意，只
要不超出边界即可

▲ 基本着色

二层底部第二遍着色开始
加深，区分立柱

深色强化边框，将层次进
一步拉开

装饰画中心除了横向运笔外还可
以通过点笔、挑笔来丰富效果

窗帘主体颜色应当较浅，区
别于楣帘颜色，且竖向运笔

▲丰富层次着色

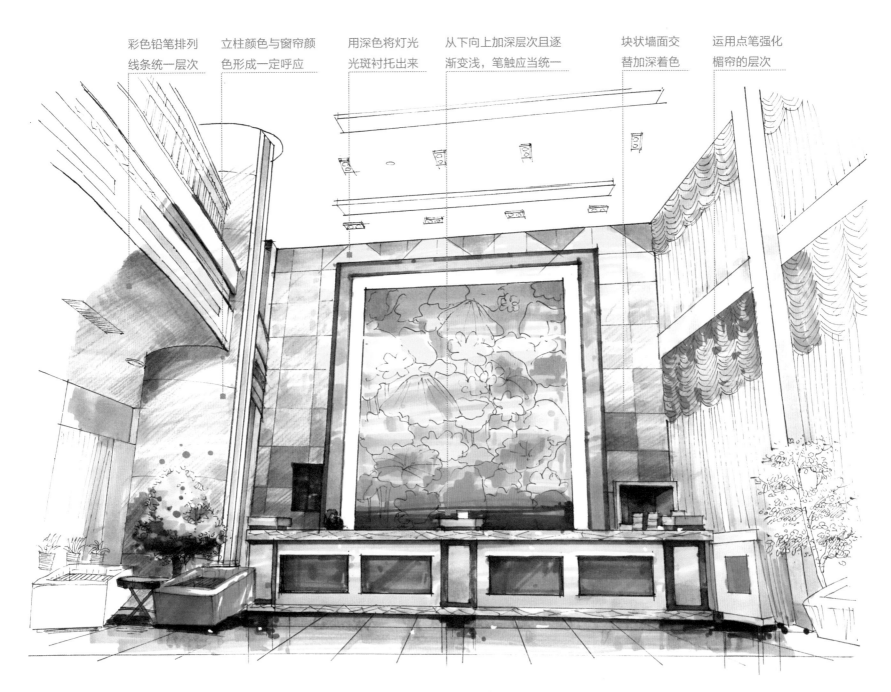

彩色铅笔排列
线条统一层次

立柱颜色与窗帘颜
色形成一定呼应

用深色将灯光
光斑衬托出来

从下向上加深层次且逐
渐变浅，笔触应当统一

块状墙面交
替加深着色

运用点笔强化
楣帘的层次

▲增添细节完成

第三节　办公室

本节绘制办公室洽谈区效果图，主要将复杂的两点透视简单化。

首先，根据参考照片绘制出线稿，对主体对象远近家具分层、独立、精确地绘制。然后，开始着色，对墙面与地面分区着色，配置家具上的简单色彩。接着，逐个绘制家具细节与陈设品，利用深色挤压出浅色。最后，通过短横笔与点笔来丰富画面，进一步加深地面阴影的颜色，并用彩色铅笔排列线条来统一画面效果。

第16天

微什么

参考本书关于办公室的绘画步骤图，搜集两张相关实景照片，对照照片绘制两张A3幅面办公室效果图，注重墙面、地面的区分，避免重复使用单调的色彩来绘制大块面域。

▲实景参考照片

壁纸纹理形态应当绘制到位，为后期丰富画面打好基础

顶面造型简洁，是大多数办公空间的主流设计，不宜绘制复杂

直线形家具是空间透视准确度的标杆，应当用尺绘制

近处家具造型是画面出彩的主要形体，应细致刻画，将皮革的蓬松用曲线表现出来

放在远处墙角的阔叶植物，应当仔细描绘叶片的形态，能将整体空间平衡

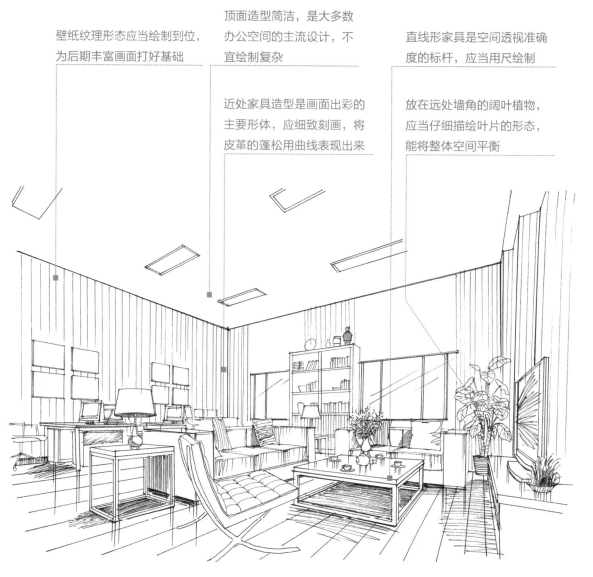

▲绘制线稿

墙面选色不必与原图一致，可以刻意区分开，尤其要与地面有明显区别

在两点透视中，应当选择两面墙中的一面为深色，从墙角开始着色，逐渐变浅

地面着色时，运笔方向顺应透视方向，在接近画面边缘结束时要整齐

▲基本着色

贴着桌面边缘，从下向上
稍许加深，运笔自然结束

远处墙面上的装饰画绘
制少量蓝色与紫色反光

确定沙发的受光面是顶部，绘制
沙发的过渡面与暗面色彩

顶面颜色一定要浅，从
远向近少量绘制即可

▲丰富层次着色

强化家具在地
面上的阴影

用较深的颜色将台
灯的浅色衬托出来

由于家具位置过近，
可以选择不着色

用涂改液将主要家具的
高光与反光绘制出来

灯具用两种
浅色绘制

窗帘用彩色铅笔覆盖，且色彩要区
分于壁纸，并将绿化植物衬托出来

▲增添细节完成

第四节　会议室

本节绘制会议室效果图，将一点透视稍许倾斜提升空间效果。

首先，根据参考照片绘制出线稿，对一点透视效果图进行稍许倾斜，能丰富画面效果。然后，开始着色，先只对墙面、地面与主体家具构造强化着色，亮面与顶面始终保持不画，只画暗部，暗部可以适当加深。接着，逐个绘制家具与地面上的投影，利用深色区域挤压出浅色区域。最后，采用彩色铅笔排列线条覆盖大块面域，同时进一步加深暗部，并用白色涂改液勾勒地面轮廓。

第17天

参考本书关于会议室的绘画步骤图，搜集两张相关实景照片，对照照片绘制两张A3幅面会议室效果图，注意合理选择透视，强化地面暗部投影，重点描绘1~2处细节。

▲实景参考照片

主体透视结构用尺绘制，使画面效果更规范严谨

会议桌侧面添加斜线阴影强化明暗层次

座椅轮廓徒手绘制，在整体上要达成统一的视觉效果

会议桌地面排列线条加深层次，为后期着色打好明暗视觉基础

窗帘下部皱褶处可以绘制井格线条来强化窗帘的存在

▲绘制线稿

窗帘着色的同时将筒灯
灯光照射区域预留出来

背景墙面色彩区分应当明显

落地玻璃颜色可以根据室内整体色彩
环境来自由选择，从下向上逐渐变浅

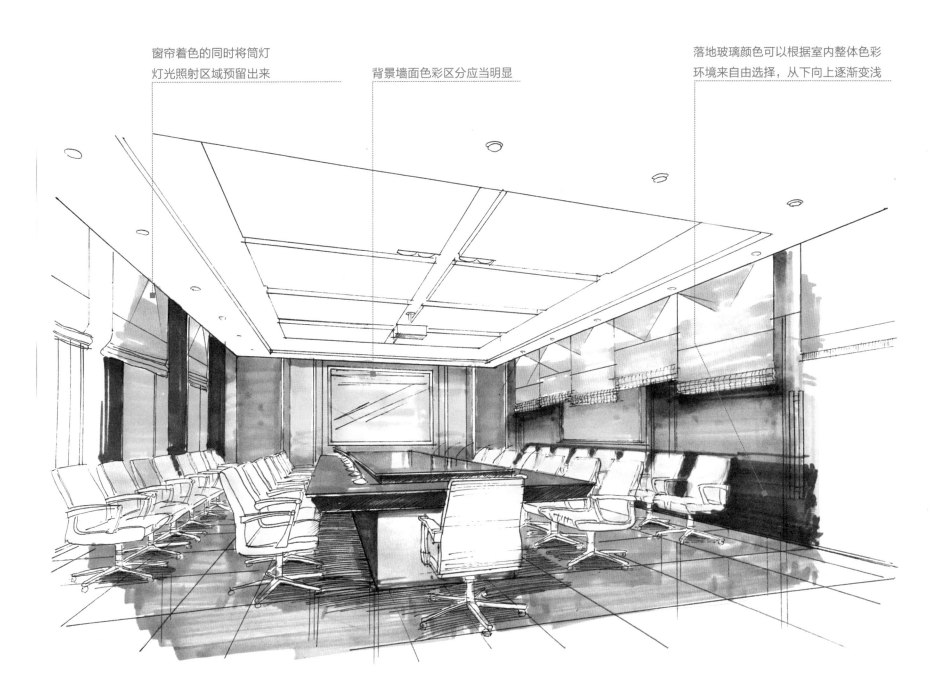

▲基本着色

在灯光照射区域采用浅黄色局部点笔

主要背景墙面除了平铺外适当点笔

吊顶内侧反光区域采用浅黄色

座椅背面笔触应当挺拔快速，表现出皮质材料紧绷的效果

座椅靠背正面属于过渡面，从下向上绘制，注意保持留白

▲丰富层次着色

在画面上形态不完整且位于画
面边缘的座椅可以不着色

彩色铅笔排列线条主要
用于大形体块的面域内

进一步加深会议桌
与座椅底部的阴影

用白色涂改液适当勾勒地
面材料的轮廓来强化反光

▲增添细节完成

第五节　商业店面

本节绘制室内商业店面效果图，重点在于区分店面内外色彩与光照效果。

首先，根据参考照片绘制出线稿，精确绘制其中的店面玻璃框架。然后，开始着色，选准店面框架颜色，并绘制灯光与店内物品。接着，逐个绘制背景与搭配物品，不要画得过多。最后，采用涂改液增加高光与反光效果。

第18天
做什么

参考本书关于商业店面的绘画步骤图，搜集两张相关实景照片，对照照片绘制两张A3幅面商业店面效果图，注意玻璃内外空间的区别与层次，适当配置灯光来强化空间效果。

▲实景参考照片

彩灯的形态虽然琐碎，但是整体透视要准确

将玻璃框架的结构与面域清晰绘制出来

弱化文字的识别，将文字结构按照图形的样式绘制出来，而不是写出来

将店内能清晰看到的结构逐一绘制

店外的近处物品更要强化表现，可以将明暗关系通过阴影线条来强化

▲绘制线稿

店外墙面与地面先简单着
色，区分色彩关系即可

店内色彩受灯光影响选
用饱和度高的黄绿色

采用点笔与挑笔来强化店
内物品，多种颜色交替

靠近画面边缘的面域运
笔应当简单且方向统一

▲基本着色

将店外远处色彩填满，区别
一定的色彩关系

根据画面关系需要加
深店内其中一面墙

进一步填满店内色彩

适当强化地面色彩，
让画面变得更稳重

▲丰富层次着色

强化墙面在地
面上的阴影

用涂改液在墙面、地
面上适当点白

可以在玻璃上用白色涂改液绘
制高光，多处高光保持平行

▲增添细节完成

第六节　博物馆

本节绘制博物馆展厅的室内效果图，重点在于博物馆墙面展示造型。

首先，根据参考照片绘制出线稿，精确绘制墙面形体与透视，并强化投影。然后，开始着色，选准主体颜色与阴影颜色，加深暗部与阴影色彩。接着，逐个深入墙面背景色彩，顺应形体结构来绘制。最后，采用色彩铅笔排列线条来统一画面关系并对两面高光点白。

第19天 做什么　参考本书关于博物馆的绘画步骤图，搜集两张相关实景照片，对照照片绘制两张A3幅面博物馆效果图，注重取景角度和远近虚实变化，刻意绘制各类展示造型。

▲实景参考照片

暗部强化阴影线条

地图边缘轮廓采用曲线绘制，与墙面凸出的直线造型形成对比

在轮廓上就要拉开明暗对比

地图上的小文字可以用横线来简化表现

强化地面阴影

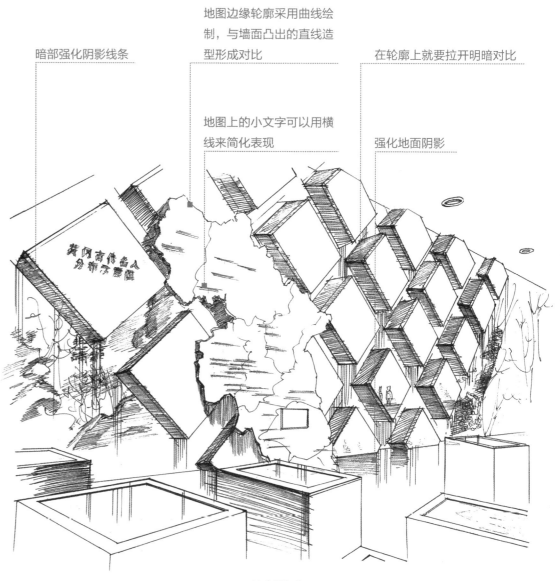

▲绘制线稿

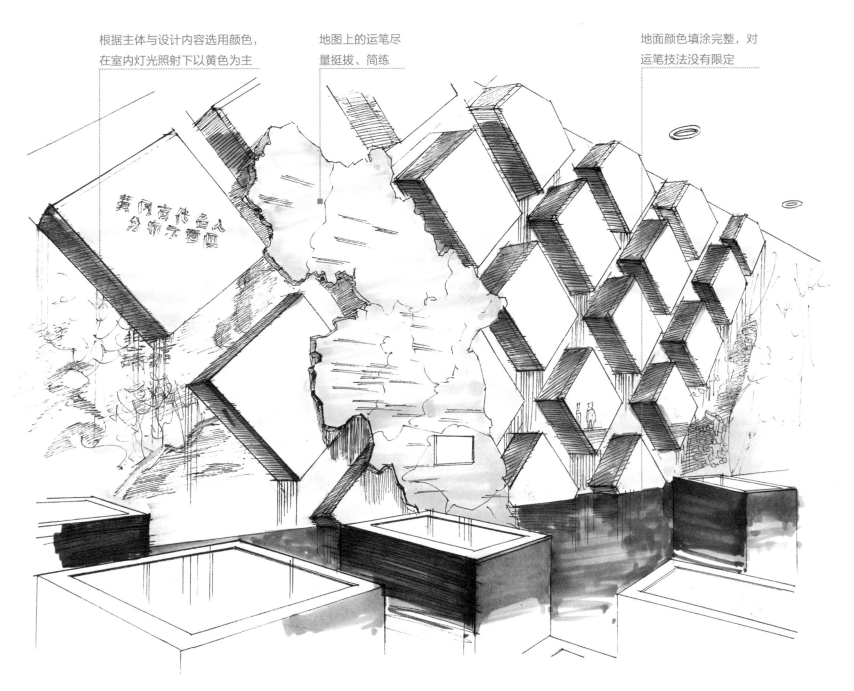

根据主体与设计内容选用颜色，在室内灯光照射下以黄色为主

地图上的运笔尽量挺拔、简练

地面颜色填涂完整，对运笔技法没有限定

黄冈亮代名人分布示意图

▲基本着色

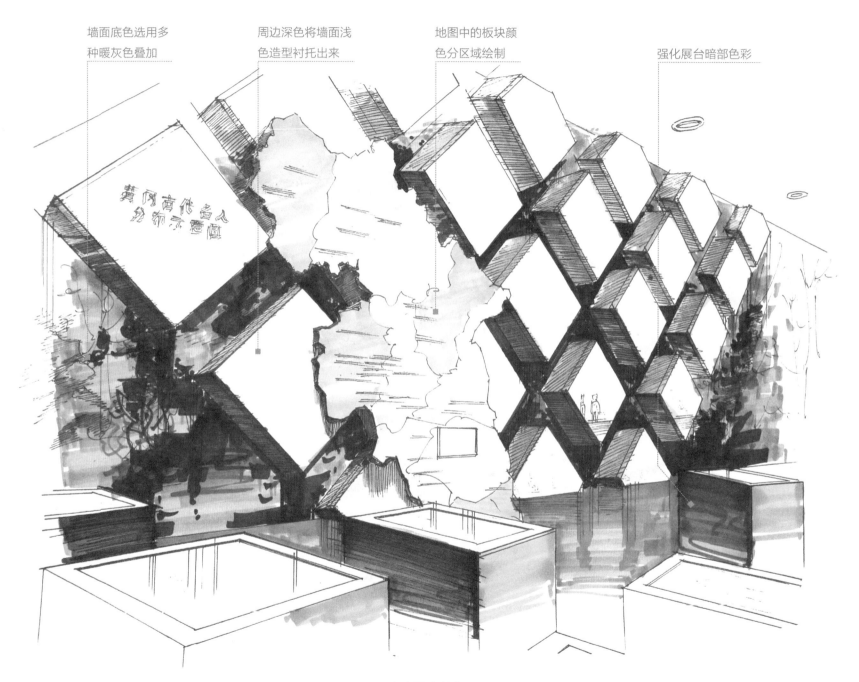

墙面底色选用多
种暖灰色叠加

周边深色将墙面浅
色造型衬托出来

地图中的板块颜
色分区域绘制

强化展台暗部色彩

▲丰富层次着色

强化家具在地
面上的阴影

绘制玻璃展
柜表面色彩

在墙面凸出造型下部增加粉红
色，成为黄色变暗的过渡色

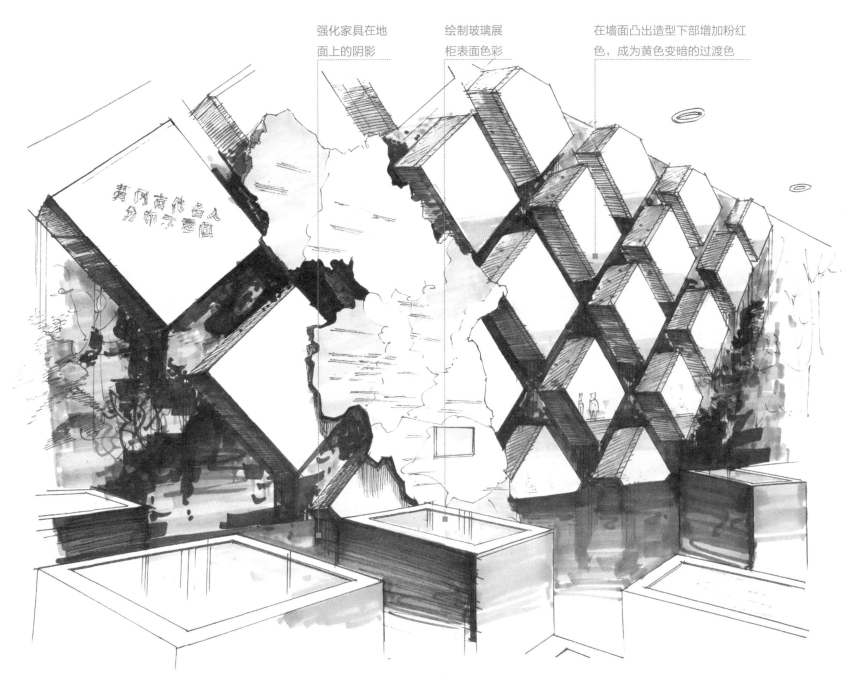

黄冈古代名人
分布示意图

▲增添细节

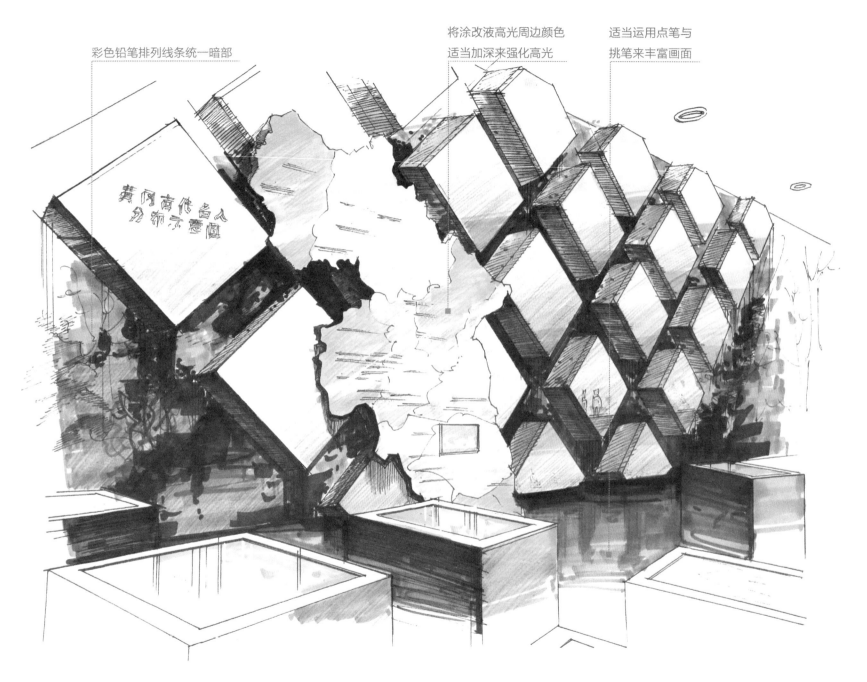

彩色铅笔排列线条统一暗部

将涂改液高光周边颜色
适当加深来强化高光

适当运用点笔与
挑笔来丰富画面

黄冈高代名人
分布示意图

▲整体调整完成

第四章　作品欣赏与摹绘

在手绘效果图练习过程中，临摹与参照是重要的学习方法。临摹是指直接对照优秀手绘效果图绘制，参照是指精选相关题材的照片与手绘效果图，参考效果图中的运笔技法来绘制照片。这两种方法能迅速提高手绘水平。本章列出大量优秀作品供临摹与参照，绘制幅面一般为A4或A3，绘制时间一般为60~90分钟，主要采用绘图笔或中性笔绘制形体轮廓，采用马克笔与彩色铅笔着色，符合各类考试要求。

当地面全部着色后，家具颜色或是比地面深，或是比地面浅，不能和地面的明度一样

地板纹理不必全部都画，仅表现一部分即可，避免地面填充过于密集

地砖着色间隔几块有选择地填深色

给家具侧面增加部分阴影

软质家具表面适当留白显得更轻松了

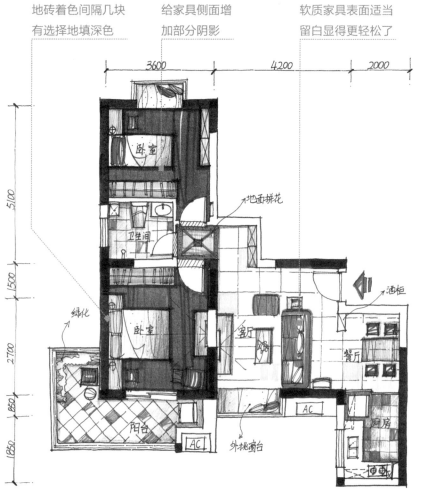

▲住宅彩色平面图

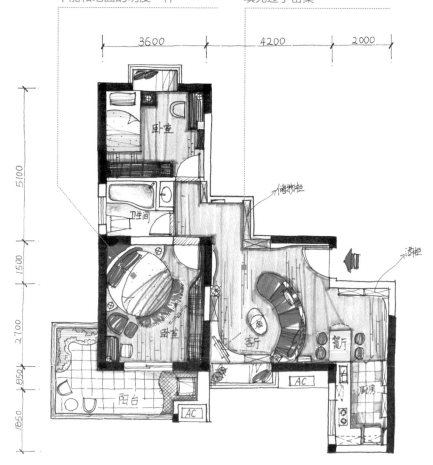

▲住宅彩色平面图

技法详解

　　平面图着色不是简单地平涂，仍然要求讲究虚实关系，中心部位的主体用马克笔绘制，面域较狭窄可以用彩色铅笔填涂，画到边缘且无边界线时应当特别注意，可以通过逐渐拉开笔触间距来中止着色，不宜仓促结束。

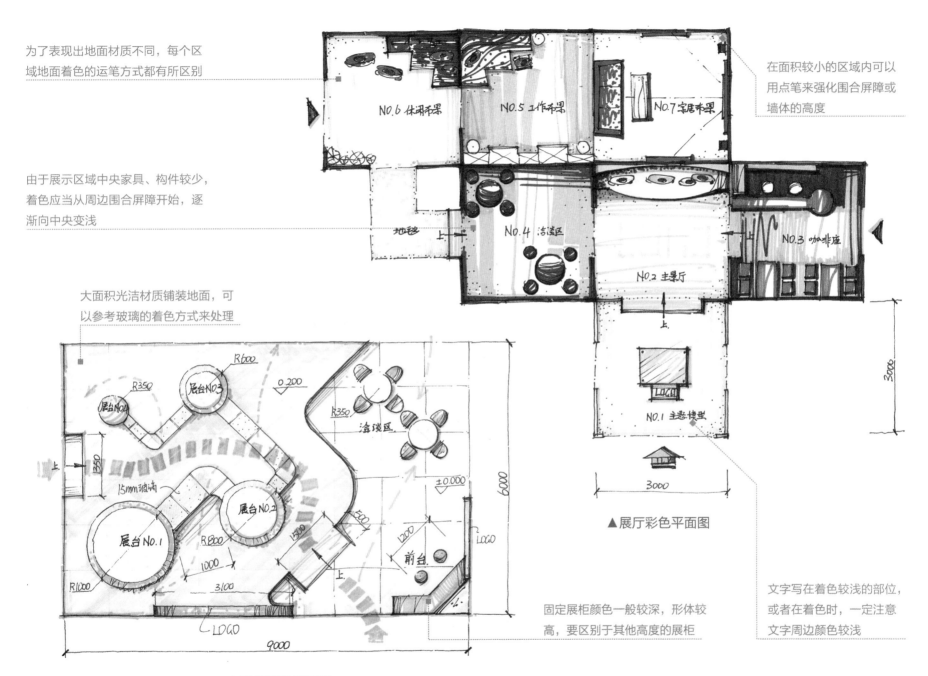

为了表现出地面材质不同，每个区域地面着色的运笔方式都有所区别

在面积较小的区域内可以用点笔来强化围合屏障或墙体的高度

由于展示区域中央家具、构件较少，着色应当从周边围合屏障开始，逐渐向中央变浅

大面积光洁材质铺装地面，可以参考玻璃的着色方式来处理

NO.6 休闲布景　　　NO.5 工作布景　　　NO.7 家居布景

地移　　　上　　　NO.4 洽谈区　　　　NO.3 咖啡座

NO.2 主景厅

NO.1 主悉模型

3000

3000

▲展厅彩色平面图

R600

R350

展台NO.3

0.200

展台NO.1

R350

洽谈区

350

15mm玻璃

展台NO.2

±0.000

R800

1500

6000

展台NO.1

1500

1200

前台

R1000

1000

LOGO

3100

上

LOGO

9000

▲展厅彩色平面图

固定展柜颜色一般较深，形体较高，要区别于其他高度的展柜

文字写在着色较浅的部位，或者在着色时，一定注意文字周边颜色较浅

深色将电视柜上表面受光面衬托
出来，墙面从下向上逐渐变浅

墙面造型中央偏上部位是受光最
强部位，应当留白或用浅色绘制

将快用完的马克笔适当保留几种颜色，
用于画面边缘着色，能起到过渡效果

沙发侧面倾斜线条张弛有度，
是一种结束形体结构的方式

▲KTV包间室内效果图

在屋顶与墙面过渡区域选用蓝灰色，与整体画面的暖黄色形成对比

多种黄色、棕色相互叠加，表现出陈旧的装饰效果

深灰色骨架上适当点白起到画龙点睛的作用

在深色梁柱的衬托下墙面应当为白色，显得更透气

家具上表面受光颜色较浅，当面积较大时需要用浅黄色平铺

▲办公室洽谈区室内效果图（贺珍）

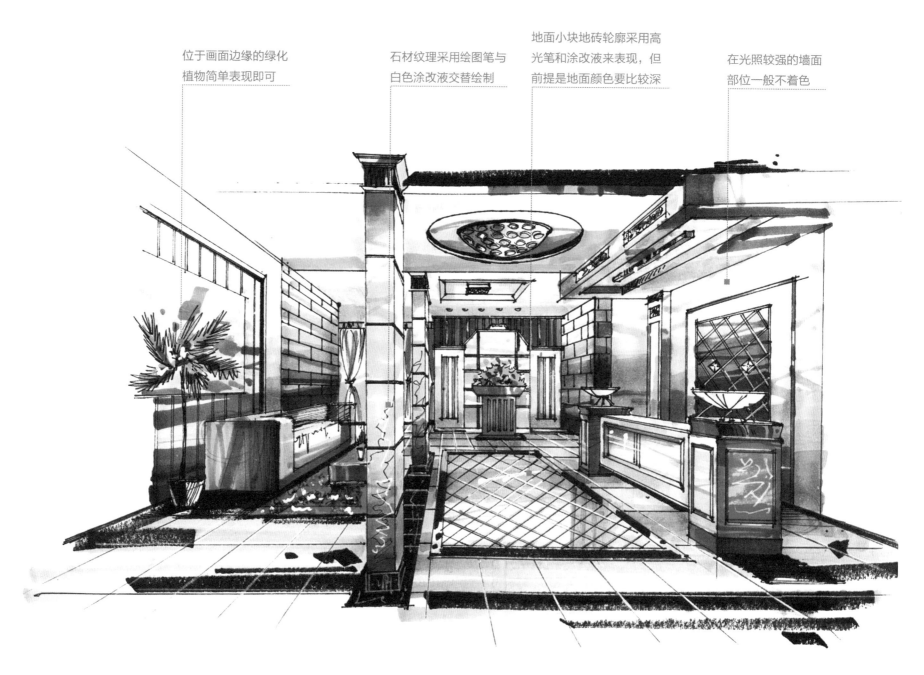

位于画面边缘的绿化
植物简单表现即可

石材纹理采用绘图笔与
白色涂改液交替绘制

地面小块地砖轮廓采用高
光笔和涂改液来表现，但
前提是地面颜色要比较深

在光照较强的墙面
部位一般不着色

▲办公室接待厅室内效果图

位于画面边缘的绿化植物
简单表现即可，甚至可以
用简单笔触概念化表现

吊顶颜色可以与地面、
家具颜色相统一，颜
色稍许浅些即可

当周边环境的颜色都比较深
时，中央主体背景墙应当选
用浅色绘制

笔触在前面上开叉不宜过多，
开叉是一种深浅过渡方式

▲办公室洽谈区室内效果图

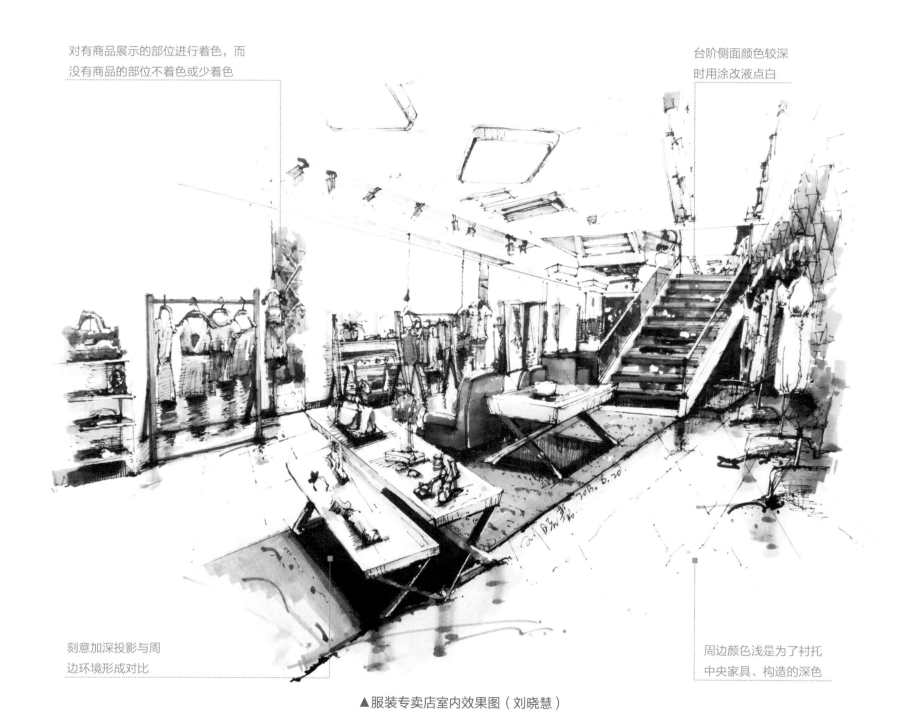

对有商品展示的部位进行着色，而
没有商品的部位不着色或少着色

台阶侧面颜色较深
时用涂改液点白

刻意加深投影与周
边环境形成对比

周边颜色浅是为了衬托
中央家具、构造的深色

▲服装专卖店室内效果图（刘晓慧）

自由曲线是结束形体结构
的最佳且最简单的方式

中央主体构造颜色较深，是突
出画面中心的重要组成部分

在主要着色面上要
有选择地去填色

适当运用深灰色
来平衡画面关系

近处人物尽量刻画细
致，所处位置应当独
立，能平衡画面关系

深色栏杆通过涂
改液来提亮高光

▲步行街室内效果图（刘晓慧）

深色区域着色一定要细致，颜色不
能超出轮廓线，否则效果会很糟糕

弧线形构造采用慢线绘制

镂空的台阶侧面颜色加深，从楼梯
下方向上逐渐变浅

地面着色采用多种颜色马克笔快速
交替绘制，让色彩相互渗透，具有
浑然一体的效果

技法详解

　　类似中国画的水墨技法也可以用于现代效果
图中，一般只是选用相近的颜色，快速运笔相互
混合，让多种颜色混合达到一气呵成的效果。这
种技法并不适合所有部位，可以用于接近画面边
缘的区域，达到柔和、过渡、渐变的效果。

▲餐厅旋转楼梯室内效果图（龙宇）

从理论上来看，黑色与深灰色不能大面积用于效果图，否则会产生很脏的画面效果。但是效果图中的效果美主要来自于色彩与明暗对比，只要明暗对比强烈，具有一定的中间色形成过渡变化，符合审美标准，那么可以选用黑色与深灰色作为主体色。

顶面没有光照的部位用深灰色平涂，用黑色勾勒板材之间的缝隙

向远处延伸的屋顶颜色逐渐变浅，先用棕色、黄色铺底，再用深灰色局部覆盖

窗外天空采用偏暖的蓝色，可以先绘制室外颜色，再绘制玻璃框架颜色

深色地面环绕着浅色家具

近处家具位于画面边缘，且形态不完整时可以不着色

▲餐厅室内效果图（李博轩）

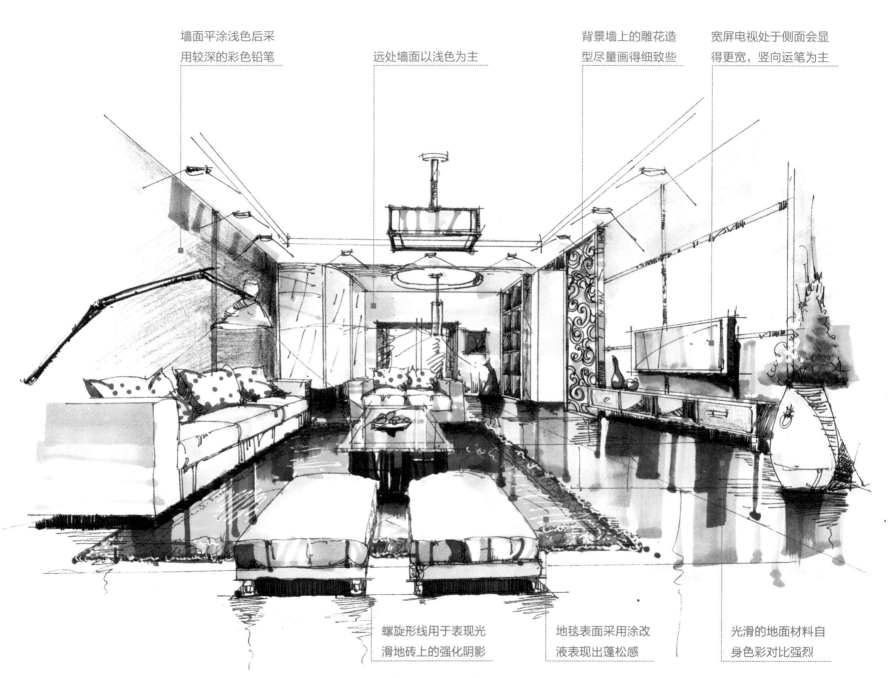

墙面平涂浅色后采
用较深的彩色铅笔

远处墙面以浅色为主

背景墙上的雕花造
型尽量画得细致些

宽屏电视处于侧面会显
得更宽，竖向运笔为主

螺旋形线用于表现光
滑地砖上的强化阴影

地毯表面采用涂改
液表现出蓬松感

光滑的地面材料自
身色彩对比强烈

▲住宅客厅室内效果图

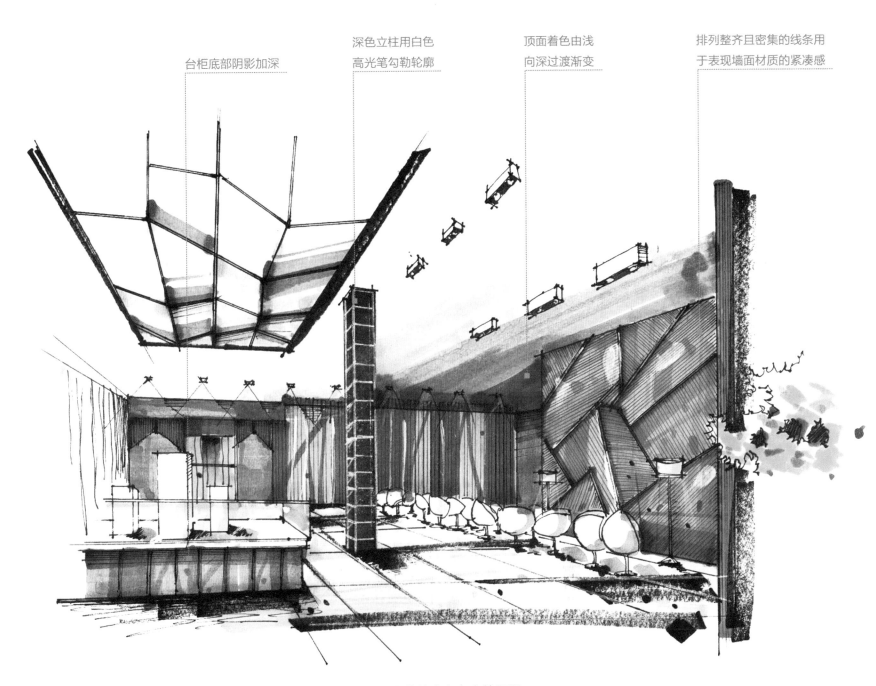

台柜底部阴影加深

深色立柱用白色
高光笔勾勒轮廓

顶面着色由浅
向深过渡渐变

排列整齐且密集的线条用
于表现墙面材质的紧凑感

▲房地产营销中心室内效果图

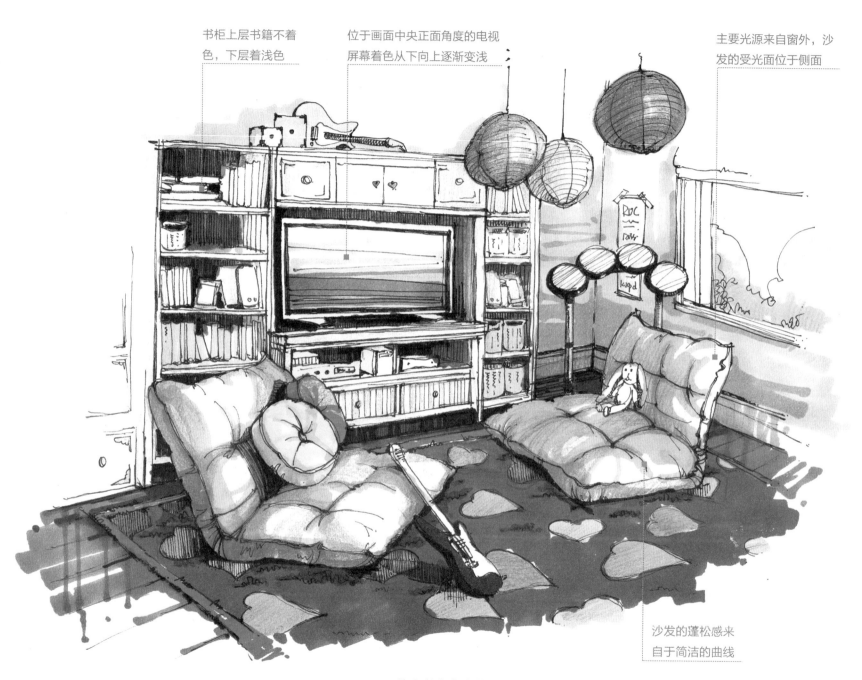

书柜上层书籍不着
色，下层着浅色

位于画面中央正面角度的电视
屏幕着色从下向上逐渐变浅

主要光源来自窗外，沙
发的受光面位于侧面

沙发的蓬松感来
自于简洁的曲线

▲住宅书房室内效果图

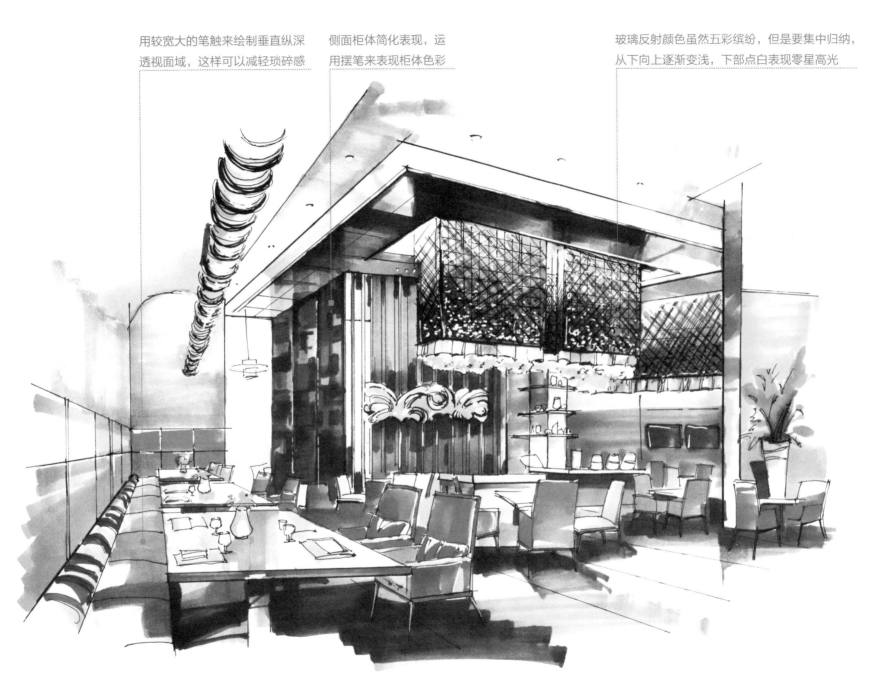

用较宽大的笔触来绘制垂直纵深
透视面域，这样可以减轻琐碎感

侧面柜体简化表现，运
用摆笔来表现柜体色彩

玻璃反射颜色虽然五彩缤纷，但是要集中归纳，
从下向上逐渐变浅，下部点白表现零星高光

▲餐厅室内效果图

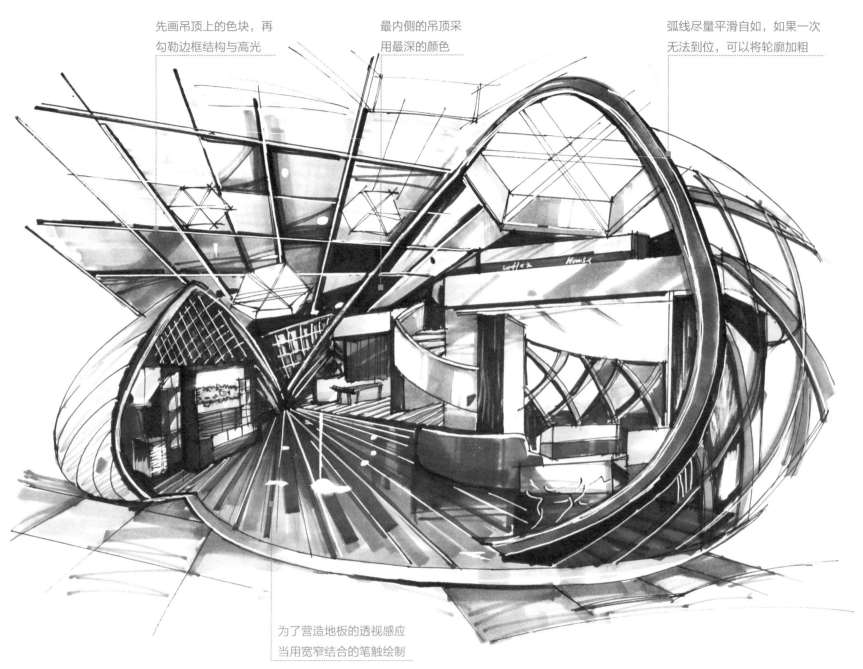

先画吊顶上的色块，再
勾勒边框结构与高光

最内侧的吊顶采
用最深的颜色

弧线尽量平滑自如，如果一次
无法到位，可以将轮廓加粗

为了营造地板的透视感应
当用宽窄结合的笔触绘制

▲展厅室内效果图（许国琪）

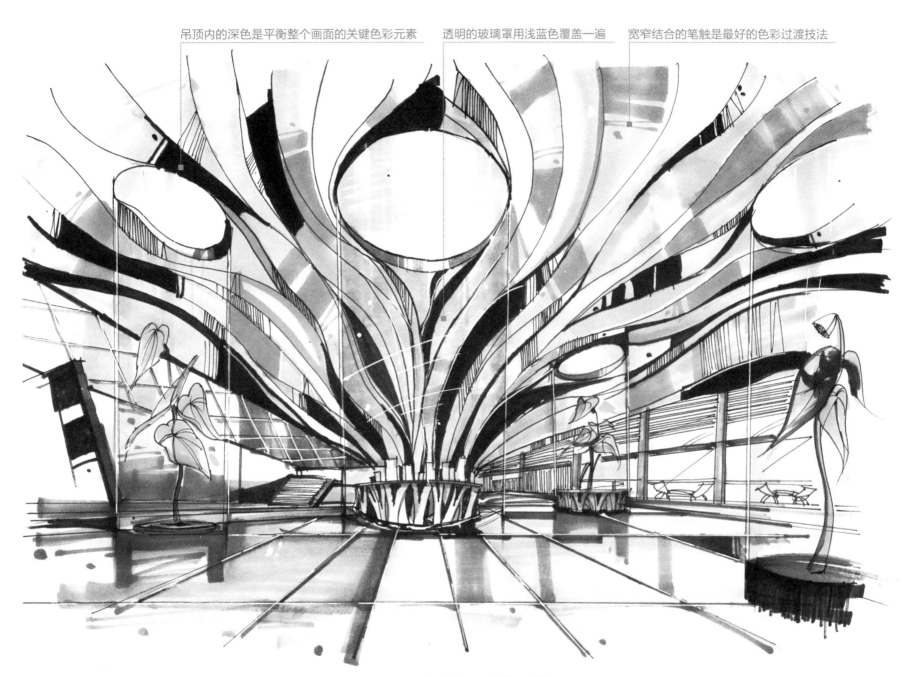

吊顶内的深色是平衡整个画面的关键色彩元素　　透明的玻璃罩用浅蓝色覆盖一遍　　宽窄结合的笔触是最好的色彩过渡技法

▲展厅室内效果图（许国琪）

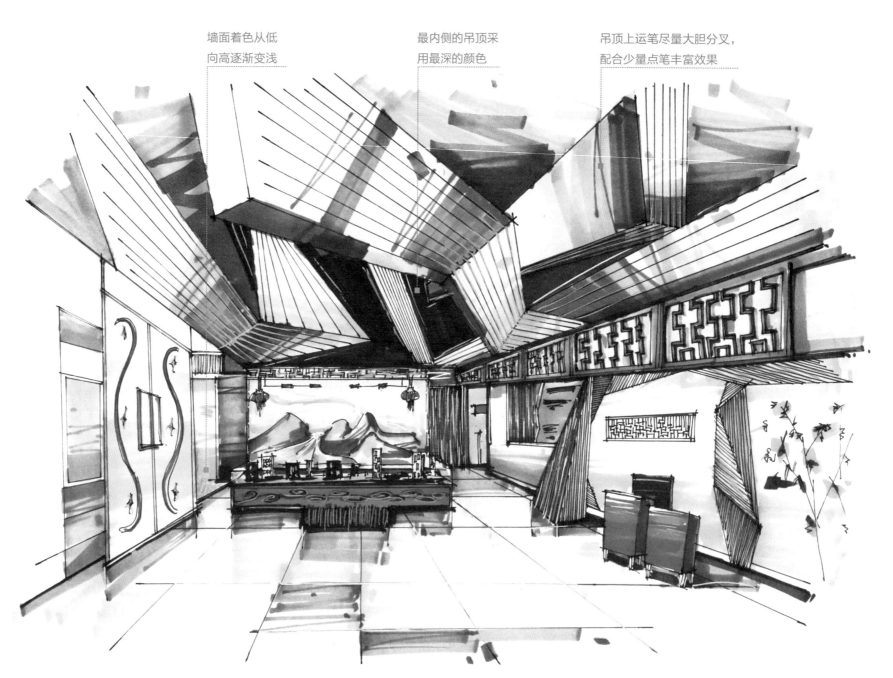

墙面着色从低
向高逐渐变浅

最内侧的吊顶采
用最深的颜色

吊顶上运笔尽量大胆分叉，
配合少量点笔丰富效果

▲房地产营销中心室内效果图

位于画面边缘的背景墙由于结
构形态不完整可以简单着色

顶面与远处墙面可以
选择不着色或少着色

沙发上表面受光面，侧
面为暗部横向运笔

地毯采用点笔、挑笔、
摆笔相结合绘制

▲住宅客厅室内效果图（胡仲）

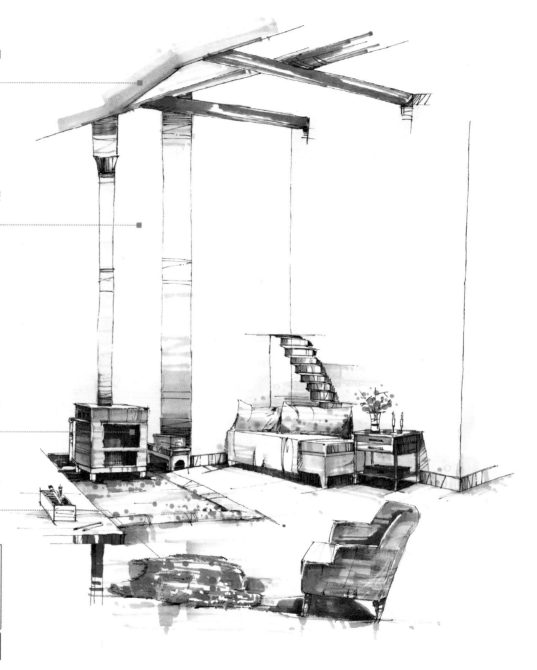

顺应结构运笔，笔触由宽变窄，由深变浅

墙面高处与低处着色，中间保留空白，或用少许笔触

火炉中的暗部是整幅画面中最深的颜色，但只是选用相对的深灰色

近处地毯选用两种颜色，笔触多样化，配合涂改液点白

技法详解

　　淡彩画法是快速手绘效果图中常用的表现技法，操作时间短，技法简单。但是要达到较高的视觉要求却不容易。要把握好主次，选定主要的家具构造着色，地面与墙面少着色，顶面不着色。使用点笔、摆笔、挑笔等多种技法相结合。

▲住宅客厅室内效果图（胡仲）

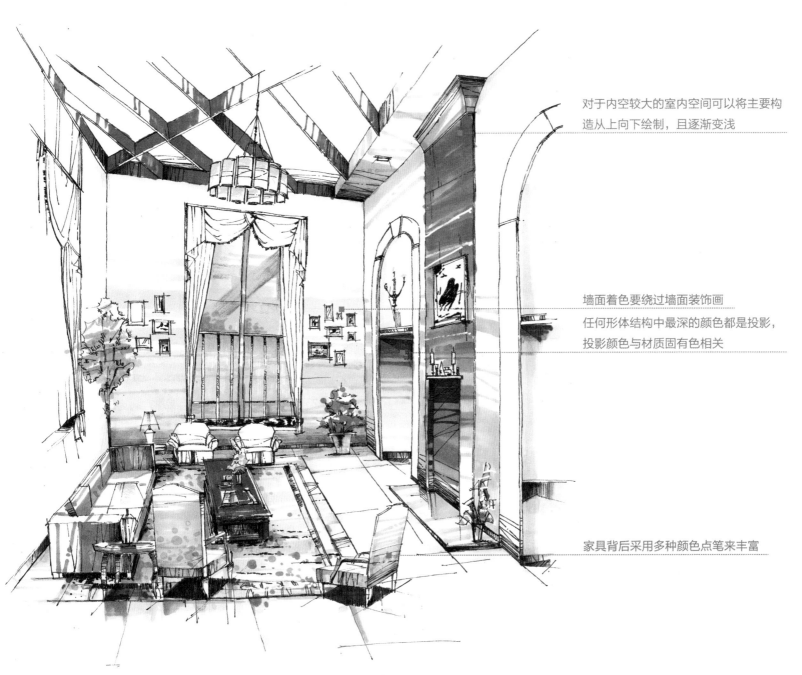

对于内空较大的室内空间可以将主要构
造从上向下绘制，且逐渐变浅

墙面着色要绕过墙面装饰画
任何形体结构中最深的颜色都是投影，
投影颜色与材质固有色相关

家具背后采用多种颜色点笔来丰富

▲住宅客厅室内效果图（胡仲）

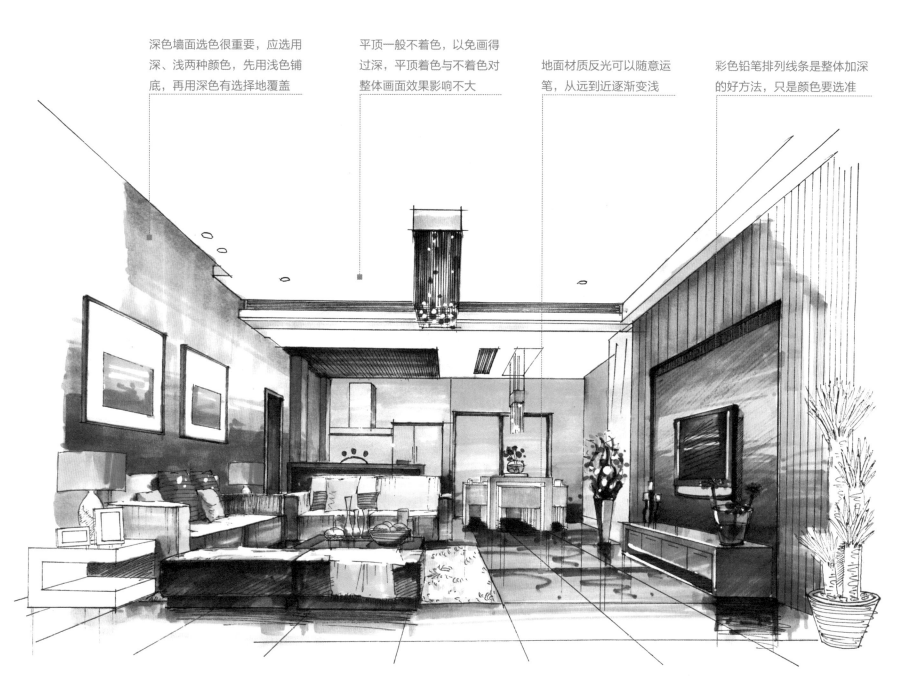

深色墙面选色很重要，应选用深、浅两种颜色，先用浅色铺底，再用深色有选择地覆盖

平顶一般不着色，以免画得过深，平顶着色与不着色对整体画面效果影响不大

地面材质反光可以随意运笔，从远到近逐渐变浅

彩色铅笔排列线条是整体加深的好方法，只是颜色要选准

▲住宅客厅室内效果图（张达）

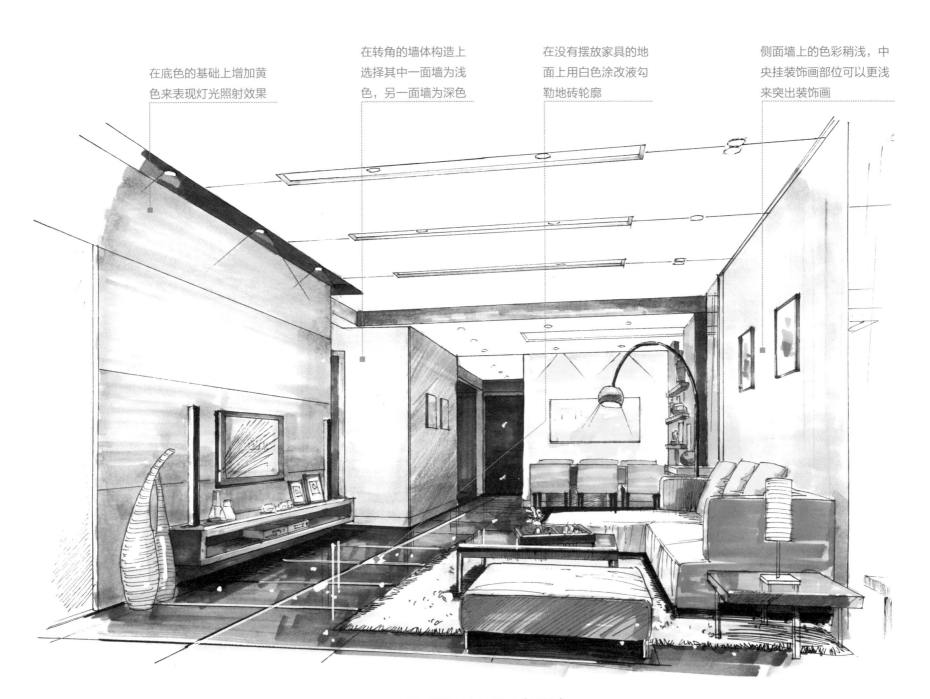

在底色的基础上增加黄色来表现灯光照射效果

在转角的墙体构造上选择其中一面墙为浅色，另一面墙为深色

在没有摆放家具的地面上用白色涂改液勾勒地砖轮廓

侧面墙上的色彩稍浅，中央挂装饰画部位可以更浅来突出装饰画

▲住宅客厅室内效果图（张达）

幅面较大的装饰画中内容应当根
据整个画面复杂程度来把握，装
饰画中的形象不宜画得过多

由于该构图看不到更多家具的地
面的投影，因此画面中最深的部
位应当是墙角处的家具

▲住宅客厅室内效果图（张达）

书柜侧面与书柜内侧采用
深色，将亮面衬托出来

沙发侧面面积较大，可以
将明暗对比过渡变化拉开

远处墙面与门的颜色加深
是为了衬托家具的鲜亮

作为主体家具，色彩对比应当强
烈，适当用涂改液来点白高光

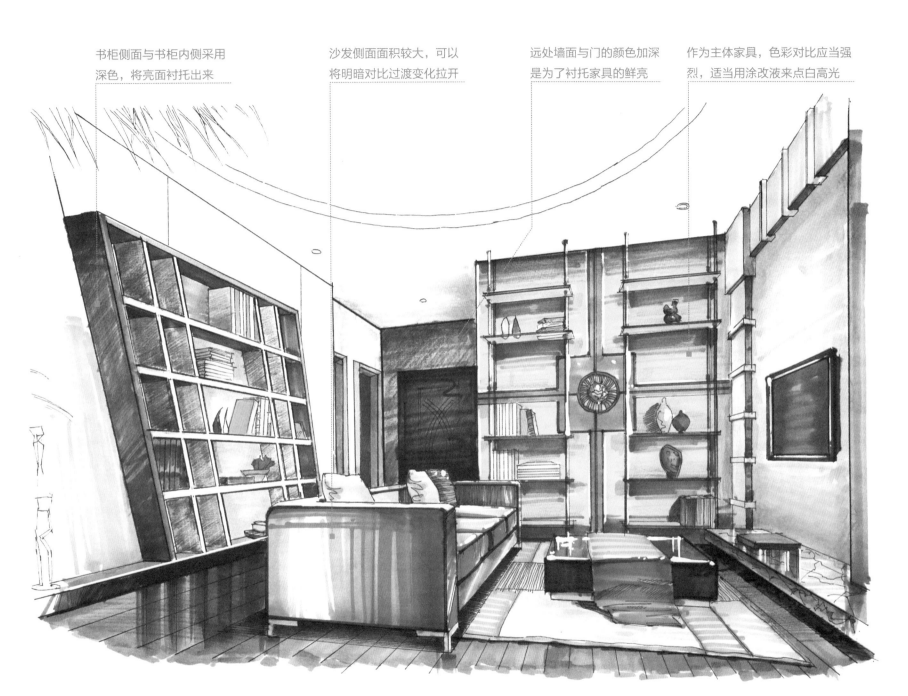

▲住宅客厅室内效果图（张达）

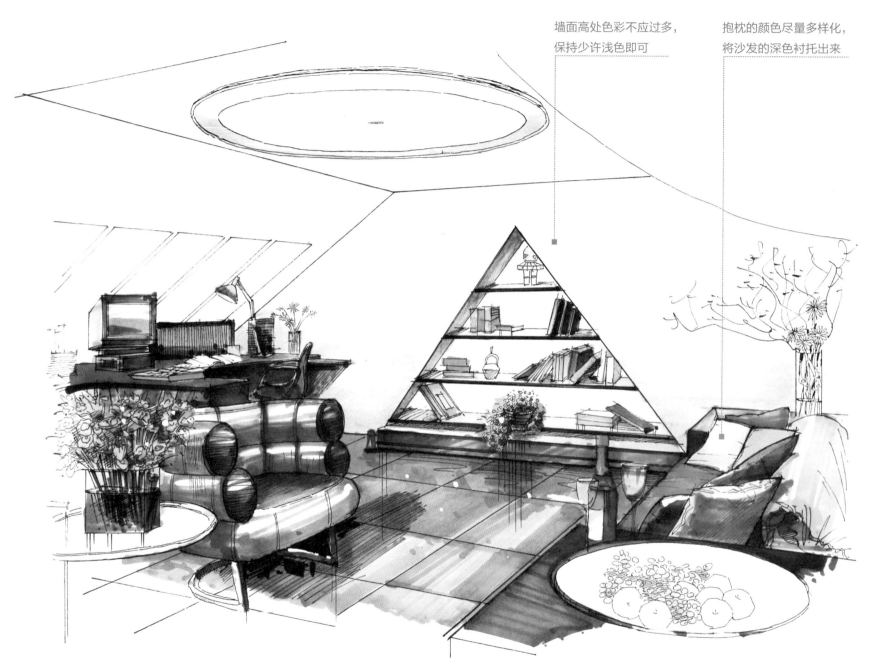

墙面高处色彩不应过多，
保持少许浅色即可

抱枕的颜色尽量多样化，
将沙发的深色衬托出来

▲住宅客厅室内效果图（张达）

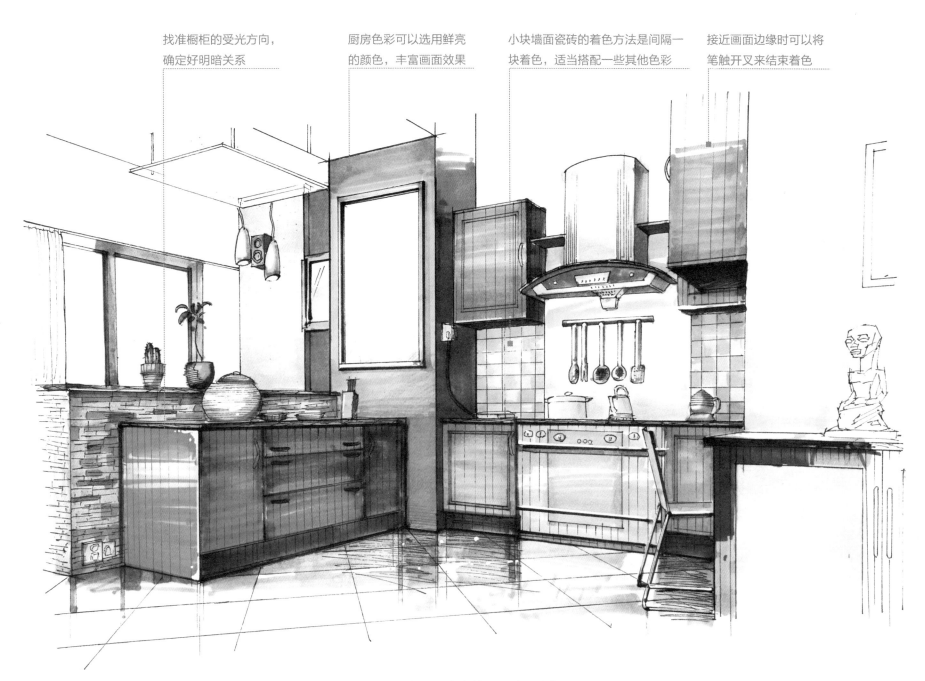

找准橱柜的受光方向，确定好明暗关系

厨房色彩可以选用鲜亮的颜色，丰富画面效果

小块墙面瓷砖的着色方法是间隔一块着色，适当搭配一些其他色彩

接近画面边缘时可以将笔触开叉来结束着色

▲住宅厨房室内效果图（张达）

位于画面边缘的不完整
家具可以选择不着色

简练的曲线配上点笔着色
技法来表现软包背景墙

垂挂窗帘运笔挺拔，
最内侧颜色最深

窗外风景整体着色，再
用深色来绘制窗框

▲住宅卧室室内效果图（张达）

地板着色边缘的收尾可以形成整体弧形，而不必完全依照地面形态来着色

皱褶卷帘上适当运用点笔来丰富着色

硬包墙面应当分块着色，每个体块为一个独立区域

地毯适当运用浅色来绘制花纹丰富画面

▲住宅卧室室内效果图（张达）

蓬松的小块地毯
用点笔来表现

浴室柜的受光面被浴
缸台遮挡，选用深色

卷帘具有透光性，因此着
色较浅，而且明暗变化大

吊顶内侧较深，因
此着色可以较深

▲住宅卫生间室内效果图（张达）

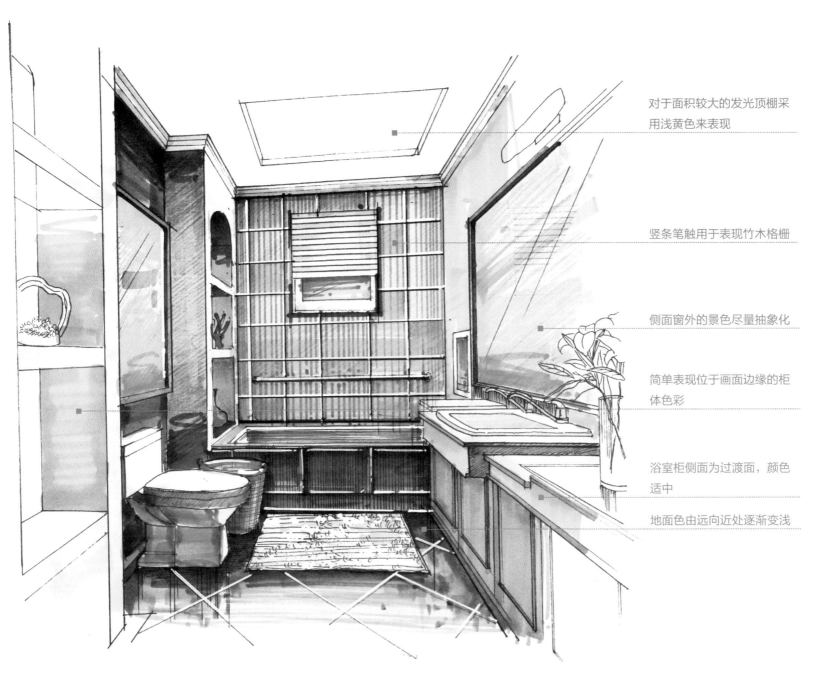

对于面积较大的发光顶棚采用浅黄色来表现

竖条笔触用于表现竹木格栅

侧面窗外的景色尽量抽象化

简单表现位于画面边缘的柜体色彩

浴室柜侧面为过渡面，颜色适中

地面色由远向近处逐渐变浅

▲住宅卫生间室内效果图（张达）

吊顶构造比较复杂，可以根据画面关系选用两种颜色来着色

窗帘颜色较深，因此吊灯颜色应当较浅，这样才能衬托出吊灯

垂挂窗帘竖向运笔，着色比较平均

深色地面也要有所变化，适当用涂改液点白

技法详解

　　顶面与吊顶是否需要着色，要根据整体画面色彩关系来定。如果整体画面色彩比较单一，颜色较浅，顶面可以不着色或少着色。如果整体画面色彩比较丰富，颜色较深，顶面可以有选择地少着色。总之顶面应当少着色，或在最后调整阶段再补充着色。如果顶面颜色过重，会严重影响整个画面效果。

　　此外，在住宅空间中，顶面即使是有吊顶造型，一般都是白色，住宅空间深度小，顶面面积也不大，因此可以少着色或不着色。而在内空较大的公共室内空间中，顶面结构多样，整体空间深度也大，室内地面比较空，家具少，因此可以对顶面正常着色，来平衡整个图面效果。

▲住宅客厅室内效果图（张达）

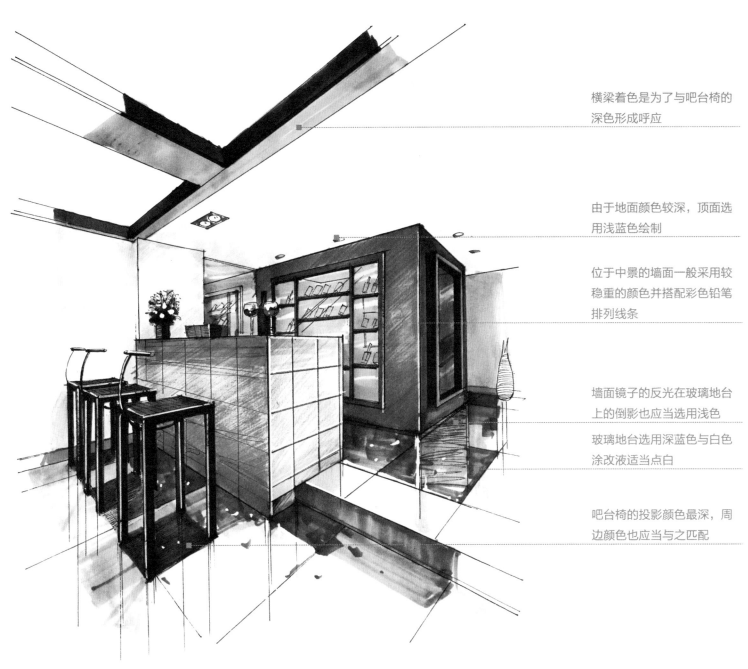

横梁着色是为了与吧台椅的深色形成呼应

由于地面颜色较深，顶面选用浅蓝色绘制

位于中景的墙面一般采用较稳重的颜色并搭配彩色铅笔排列线条

墙面镜子的反光在玻璃地台上的倒影也应当选用浅色

玻璃地台选用深蓝色与白色涂改液适当点白

吧台椅的投影颜色最深，周边颜色也应当与之匹配

▲住宅走道吧台室内效果图（张达）

吊顶双色填涂丰富画面，颜色选
择较深能衬托中央的发光顶棚

座椅靠背颜色较
深，竖向笔触

会议桌下的结构表现
清晰，保持画面完整

画面边缘的处理
可以形成弧线

▲办公会议室室内效果图（张达）

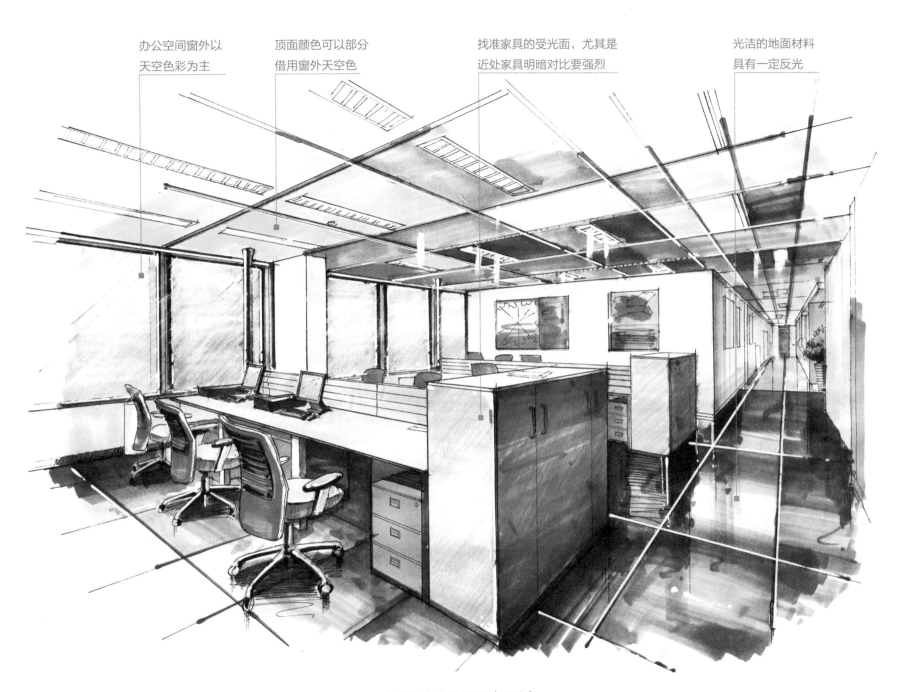

办公空间窗外以
天空色彩为主

顶面颜色可以部分
借用窗外天空色

找准家具的受光面，尤其是
近处家具明暗对比要强烈

光洁的地面材料
具有一定反光

▲办公间室内效果图（张达）

纵深较大的顶面可以大面积着色，选色根据整体画面来定

柜体中的背光面处于画面中心，因此色彩应当丰富且富有变化

柜体侧面排列整齐的彩色铅笔线条能丰富层次

近处完整的桌面应当着色，沙发形态在画面中不完整，可以不着色

▲办公休息区室内效果图（张达）

找准受光面与过渡面分开着色

玻璃以反光色为主，后部颜色部分能透过来

近处的主要装饰造型用浅色表现，能被周围深色衬托

楼梯台阶底部颜色加深，能衬托楼梯颜色的鲜亮

▲办公卫生间室内效果图（张达）

装饰灯具着色选用多种，且逐渐向上减弱

分体块绘制前面造型，每块中的着色逐层
向上递减

垂直升降电梯玻璃在电梯井内侧，因此反
射颜色最深

电梯井边框结构应当绘制细致，可以先深
后浅，用白色涂改液来覆盖

技法详解

　　在复杂的商业空间中，建筑结构多样，着色很难分
清主次，那么在最初的起稿构图时就应当找准视角。视
角只针对重要的建筑结构、家具构造等，以这些重点内
容为中心进行着色，周边构造可以简化或省略。

▲商业建筑电梯室内效果图（张达）

顶面构造根据设计要求分色块处理，但是每个色块不能均匀平涂，适当表现出笔触变化

吊顶周边的主要结构要有延伸感，让空间形成整体效果

店面内的顶部在玻璃隔断的反光映衬下，显得很亮，可以选择不着色

人物是纵深空间的距离标志，适当添加

最远处的墙面选用深色，与顶面和周边环境形成对比

地面的纵深感通过倒影来表现

▲商业空间室内效果图（张达）

灯光在浅色基础上
可以用黄色来表现

货架的底色要
能衬托出商品

近处商品应当刻画细致，整幅画面
的重点在此，应当耐心刻画

墙面造型是整幅图面的分隔
构图，运笔应当精练简洁

Beautiful
Princess

▲专卖店室内效果图（张达）

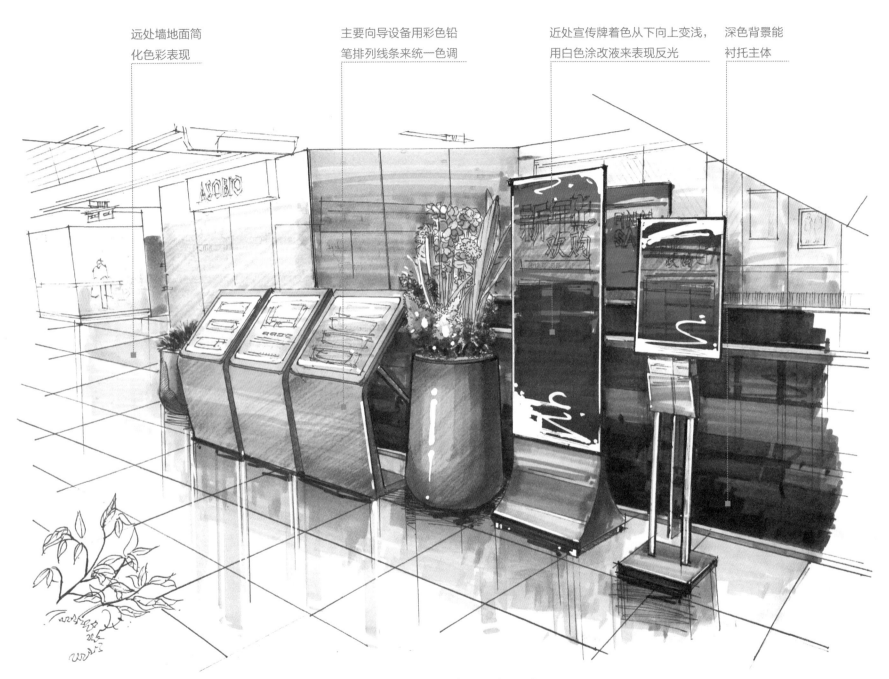

远处墙地面简
化色彩表现

主要向导设备用彩色铅
笔排列线条来统一色调

近处宣传牌着色从下向上变浅，
用白色涂改液来表现反光

深色背景能
衬托主体

▲商场向导区室内效果图（张达）

顶面要根据结构来运
笔，颜色与地面呼应

地面上要选择一些深
色部位衬托浅色构造

位于画面中央的
文化石细致刻画

办公桌面通过
高光来点亮

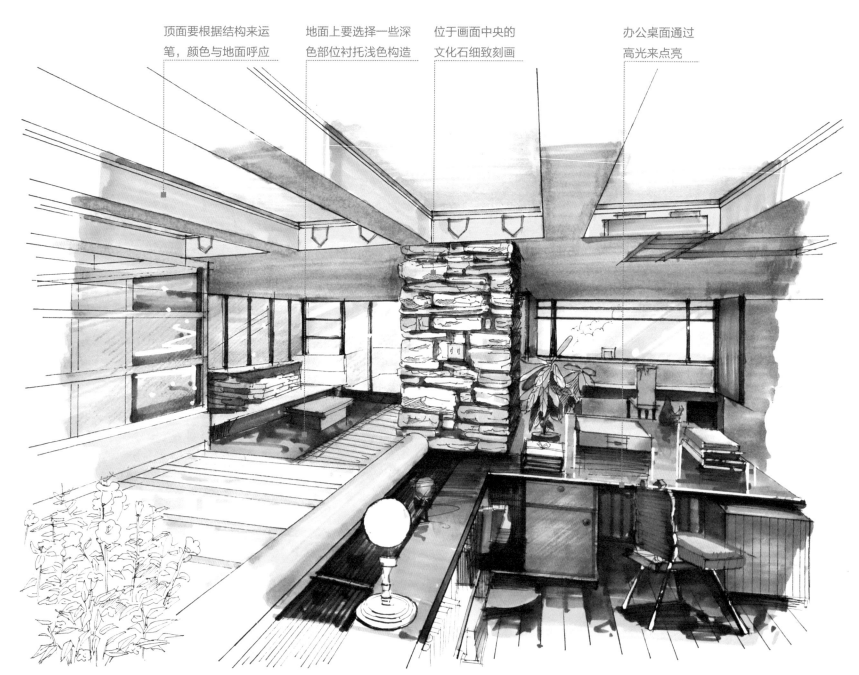

▲办公室室内效果图（张达）

墙面体块交替着色并覆盖彩色铅笔排列线条

喷泉水景可以完全通过涂改液来表现，但是背景应当是深色

水池的深色能平衡图面关系，让整体效果更稳重

地面着色采用宽大的笔触与远处墙面形成对比

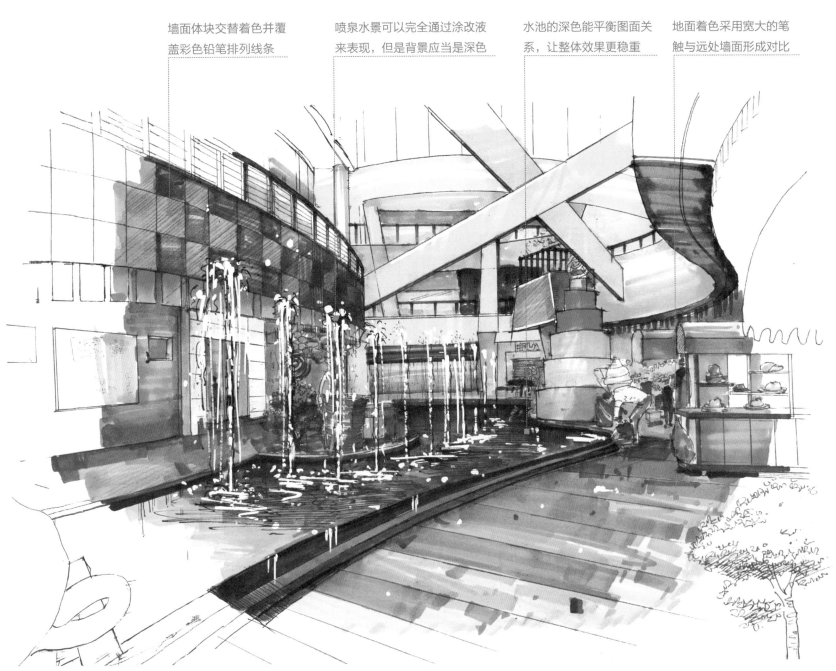

▲商场中庭室内效果图（张达）

远处墙面造型应当
深浅交替形成对比

顶面吊顶内侧可选用较
深的颜色与地面呼应

由于空间进深较大，白
色顶面可用浅黄色覆盖

处于中景的家具应当
完整且细腻地刻画

▲办公休息区室内效果图（张达）

窗帘属于远景，应当留白来
表现体积感，不宜用涂改液

受窗帘反光影响，茶几上的
倒影应当丰富，运笔利落

宣传展牌分色块绘制，
从下向上逐渐变浅

沙发虽然不是完整的形体，但是细
致刻画抱枕能平衡整个画面关系

▲办公休息区室内效果图（张达）

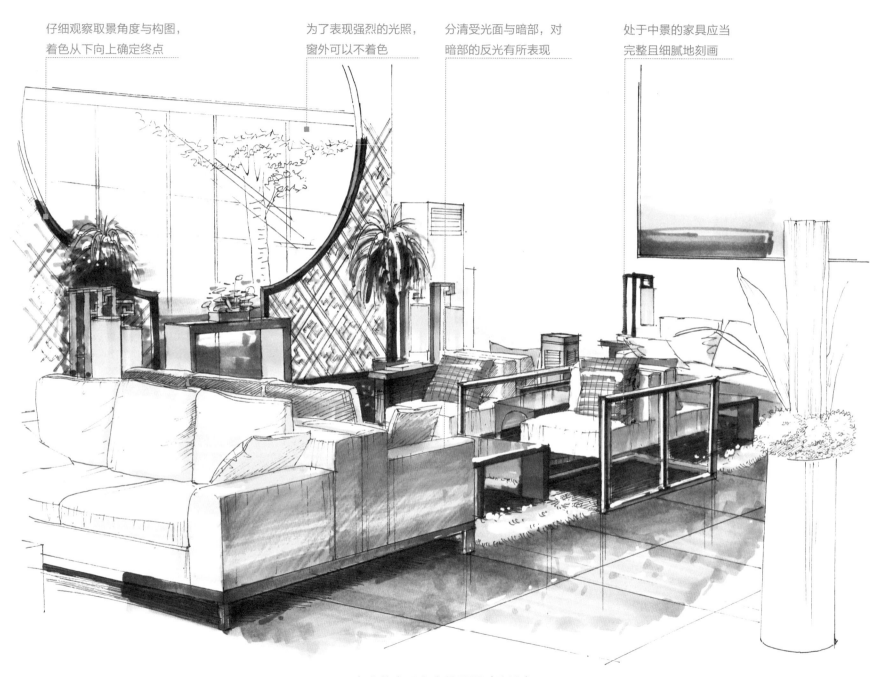

仔细观察取景角度与构图，着色从下向上确定终点

为了表现强烈的光照，窗外可以不着色

分清受光面与暗部，对暗部的反光有所表现

处于中景的家具应当完整且细腻地刻画

▲办公休息区室内效果图（张达）

接近于平行状态的多条弧线应当用
慢线绘制，采用多段线拼接而成

室内地面受光较弱，
颜色应当最深

弧形顶面造型笔
触应当干净利落

刻意表现来自窗外的自
然光，给室内增添生气

▲餐厅室内效果图（张达）

顶面选用深色来衬
托展台吊顶与桁架

汽车作为展品仅表
现出体积关系即可

光洁的背景墙面采用彩色
铅笔排列线条整体覆盖

地面台阶侧面根据反
光来选择不同的颜色

▲博览会室内效果图（张达）

远处地面深色衬托出主体墙面

主墙面装饰造型应当细致刻画

主墙面上笔触横向绘制，左右一气呵成表现出整体感

远处场景简单表现出色块区分后用彩色铅笔排列线条覆盖

▲ 博物馆室内效果图（张达）

顶面用深灰色来衬托造型吊顶

弧形吊顶上的运笔应当简洁精练

弱化橱窗中的展品，只表现出玻璃上的光影变化

地面颜色与顶面呼应，并用涂改液提亮

▲博物馆室内效果图（张达）

位于画面边缘的窗户只着色一部分，另一部分留白来表现出构图的延伸感

深色顶面中带有自然光透射进来，应当保留亮面

天窗用蓝色来表现云彩，用浅黄色来表现日光

彩色铅笔排列线条来表现墙面的整体感

▲博物馆室内效果图（张达）

吊顶内侧的深灰色用
来表现深远的空旷感

彩色铅笔排列线条来
表现墙面的整体感

近处家具是图面中
心，应当细致刻画

深色立柱上的笔触干净整洁，开
叉自然，表现出光影的反射效果

▲商场室内效果图（汪建成）

深灰色顶面适用于博物馆等高内空空间，用白色涂改液来描绘吊顶格栅骨架

白色展品能被深灰色顶面衬托

地面的纵深感通过色彩深浅变化来体现

车辆上丰富的颜色能调节画面氛围

▲博物馆室内效果图（汪建成）

立柱上的冷灰色与暖灰色同时
使用，表现出日光照射效果

深色墙面能衬
托出浅色文字

石材纹理
倾斜表现

车辆上的受光面定于斜侧上
部，利用光照来表现体积感

▲酒吧室内效果图（汪建成）

复杂的屋顶桁架结构可以在顶面色彩
平涂完毕后再绘制，再用涂改液提亮

强光射入室内会
形成明显的光斑

墙面绿化受阳光影
响应当着色较浅

家具表面受光斑影
响，笔触应当分开

▲博物馆室内效果图（汪建成）

画面整体色调较浅，因
此顶面少着色或不着色

窗帘选用多种同色系
色彩来强化体积感

室内绿化植物的
运笔应当简练

顶面玻璃镜面反射
出墙地面色彩影像

▲餐厅室内效果图（汪建成）

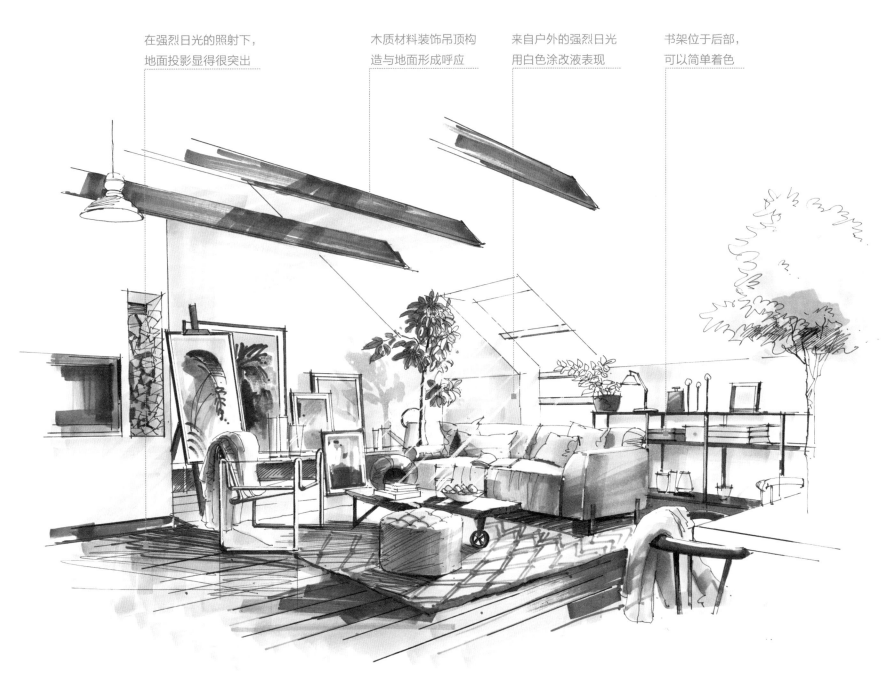

在强烈日光的照射下，
地面投影显得很突出

木质材料装饰吊顶构
造与地面形成呼应

来自户外的强烈日光
用白色涂改液表现

书架位于后部，
可以简单着色

▲客厅室内效果图（汪建成）

地板竖向运笔着色，
横向勾勒边框

深色墙面接近顶面时逐渐
变浅，要与顶面有所区分

垂吊的水晶灯用涂改液表
现，前提是顶面色彩很深

吊灯下的光线用涂
改液横向运笔表现

▲餐厅室内效果图（汪建成）

根据透视方向运
笔应当排列紧凑

多种颜色来表现出金
属材质的反光效果

玻璃桌面的倒
影应当丰富

在较深的背景上可以运
用涂改液画出星光效果

椅子靠背用三种黄
色来表现光影变化

▲餐厅室内效果图（汪建成）

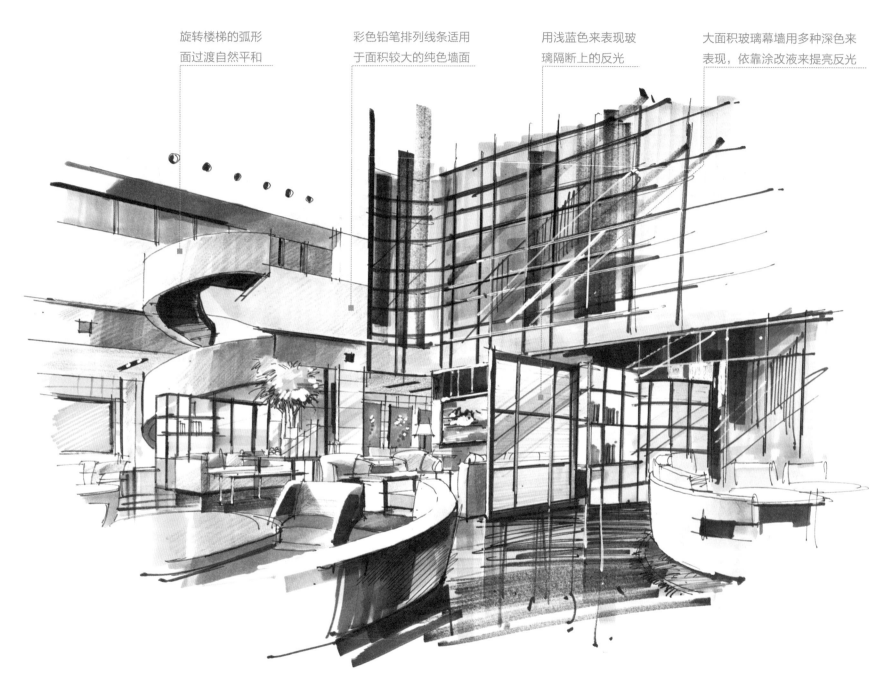

旋转楼梯的弧形
面过渡自然平和

彩色铅笔排列线条适用
于面积较大的纯色墙面

用浅蓝色来表现玻
璃隔断上的反光

大面积玻璃幕墙用多种深色来
表现，依靠涂改液来提亮反光

▲图书馆室内效果图（汪建成）

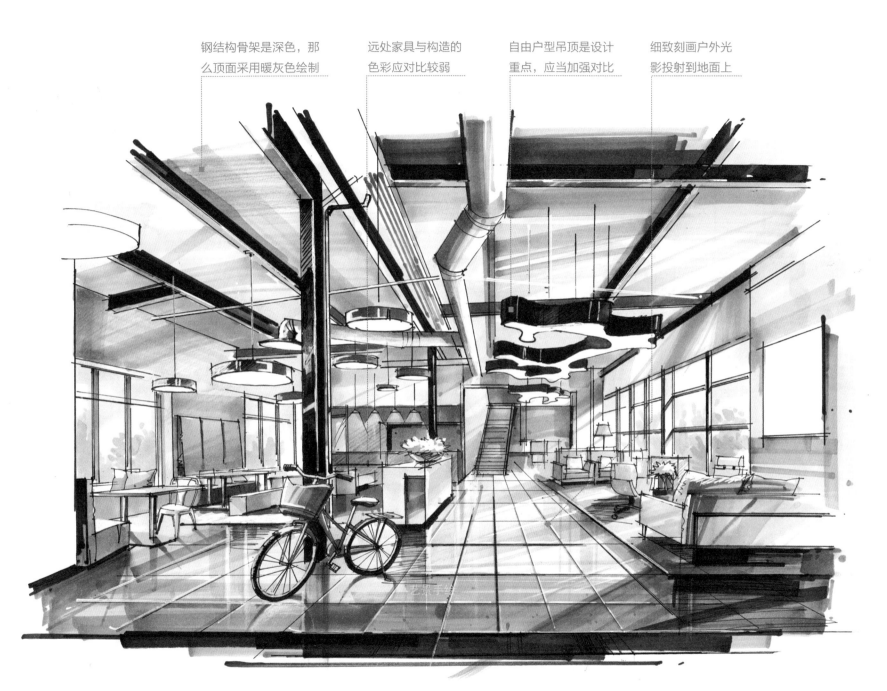

钢结构骨架是深色，那么顶面采用暖灰色绘制

远处家具与构造的色彩应对比较弱

自由户型吊顶是设计重点，应当加强对比

细致刻画户外光影投射到地面上

▲餐厅室内效果图（汪建成）

台面上的物品清
晰表现体积感

桌面用较细的线
条来表现木纹

地面有来自户外
的天空光色彩

地面背光部用彩色
铅笔排列线条覆盖

▲餐厅室内效果图（汪建成）

位于画面边缘的构造用简单的线条与
颜色概括，能起到平衡画面的作用

顶面深色能衬托浅
色吊挂的装饰造型

在灯光外围稍加浅黄色
来表现灯光泛出效果

采用多种色彩来表现近处
的玻璃与金属材质反光

▲餐厅室内效果图（汪建成）

对深色吊顶内的结构体块化处理，不同明暗的结构相互衬托

用涂改液表现出灯光呈星状辐射

地面在接受强烈光照后用浅色表现

主要形体构造上最亮的部位应当是中间偏上，在此保留高光

▲餐厅室内效果图（汪建成）

简化室外场景
的色彩表现

用彩色铅笔来表
现竹木结构屋顶

位于中央的主体家
具自身对比加强

沙发受光面
尽量少着色

▲会客室室内效果图（汪建成）

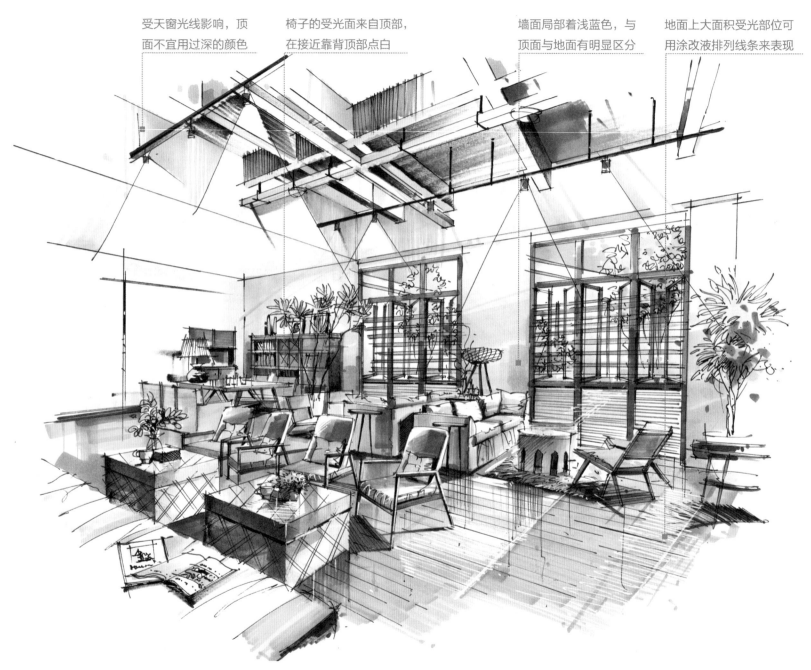

受天窗光线影响，顶
面不宜用过深的颜色

椅子的受光面来自顶部，
在接近靠背顶部点白

墙面局部着浅蓝色，与
顶面与地面有明显区分

地面上大面积受光部位可
用涂改液排列线条来表现

▲会客室室内效果图（汪建成）

第五章 快题设计作品

快题设计是指在较短的时间内将设计者的创意思维通过手绘表现的创作方式，最终要求完成一个能够反映设计者创意思想的具象成果。

目前，快题设计已经成为各大高校设计专业研究生入学考试、设计院入职考试的必考科目，同时也是出国留学（设计类）所需的基本技能，快题设计是考核设计者基本素质和能力的重要手段之一。

快题设计可分为保研快题、考研快题、设计院入职考试快题，不同院校对保研及考研快题的考试时间、效果图、图纸均有不同要求。但是基本要求和评分标准都相差无几，除了创意思想，最重要的就是手绘效果图表现能力了。本章列出快题设计优秀作品供学习参考。

各种分析图是快题设计的重要组成部分，分析应当具有一定深度并有逻辑性

第21天

做什么

根据本书内容，建立自己的室内快题立意思维方式，列出快题表现中存在的绘制元素，如墙体分隔、家具布置、软装陈设等，绘制两张A3幅面桌游吧、电玩室等公共空间平面图，厘清空间尺寸与比例关系。

快题设计

桌游吧

设计说明：

　　本案例是一个桌游吧设计，正六边形是本次设计的灵感点，正六边形既是卡牌的形状，也可作为桌子的形状，此形状便于多个玩家拼桌。作为一个综合性桌游吧，包含桌游区、卡牌区、休息区、阅读区、观景区等区域。大量使用木材质、暖色光源，营造出一个放松、舒适的交流、玩耍空间。

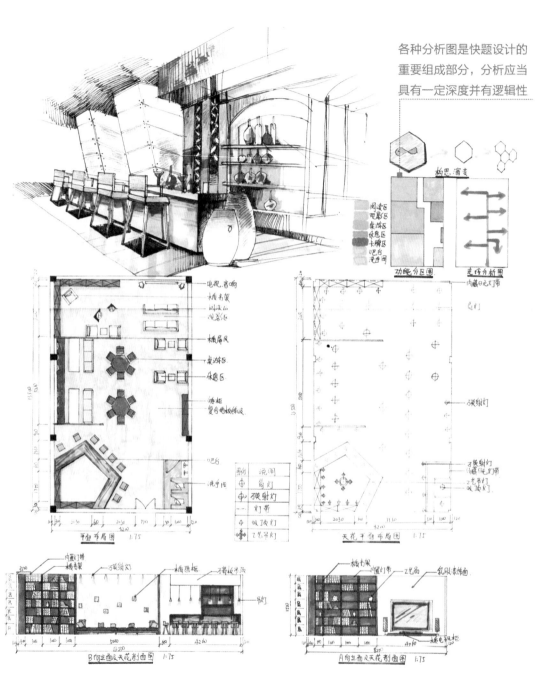

▲快题设计桌游吧（蒋林）

快题设计 书吧

设计说明:

　　本着"阳光、自然和人"的设计理念,对本书吧进行了设计,整体色调以暖色为主,配以冷色调的家具,动静结合,书吧的外观也十分简洁,中间一块厚重感极强的装饰石材墙面和透明玻璃形成对比,空间开阔、温暖,使在这里阅读的人得到了舒适享受。

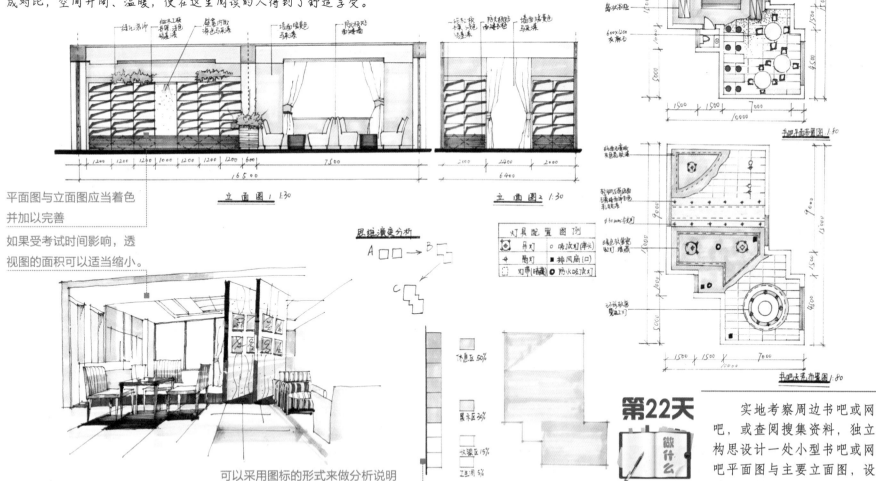

立面图 1:30

立面图 2:30

平面图与立面图应当着色并加以完善
如果受考试时间影响,透视图的面积可以适当缩小。

思维演变分析

可以采用图标的形式来做分析说明

休息区 50%
展示区 30%
收藏区 15%
卫生间 5%

▲ 快题设计书吧(胡文婷)

第22天

实地考察周边书吧或网吧,或查阅搜集资料,独立构思设计一处小型书吧或网吧平面图与主要立面图,设计并绘制效果图,编写设计说明,一张A2幅面。

快题设计 网吧

受考试时间影响，效果图的结构可徒手绘制，画面面积不必过大，对比要强烈

暖灰色与冷灰色交替使用时要把握好主次，以其中一种基调为主

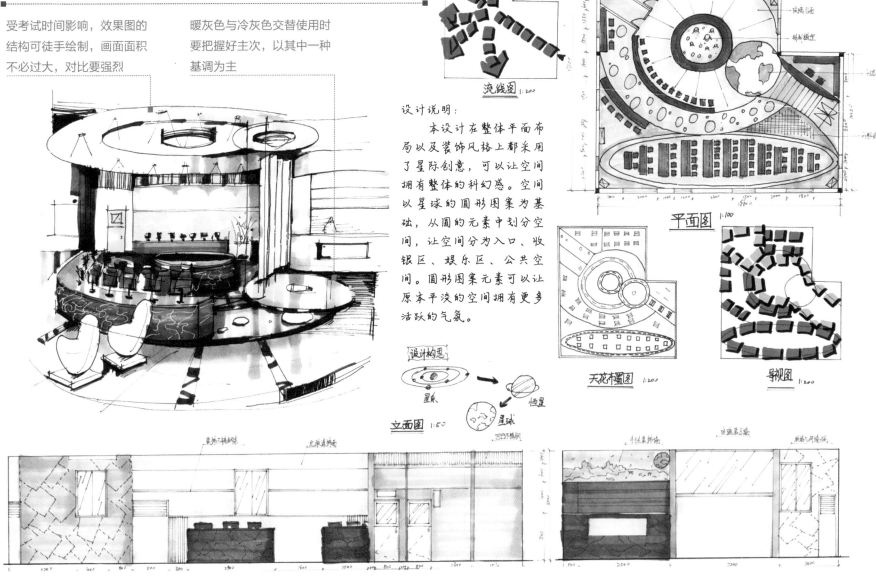

流线图 1:200

设计说明：

　　本设计在整体平面布局以及装饰风格上都采用了星际创意，可以让空间拥有整体的科幻感。空间以星球的圆形图案为基础，从圆的元素中划分空间，让空间分为入口、收银区、娱乐区、公共空间。圆形图案元素可以让原本平淡的空间拥有更多活跃的气氛。

平面图 1:100

设计构思

星际

恒星

星球

立面图 1:50

天花布置图 1:200

导视图 1:200

▲ 快题设计网吧（张腾）

快题设计 酒吧

实地考察周边酒吧或咖啡吧，或查阅搜集资料，独立构思设计一处中等规模酒吧或咖啡吧平面图，设计并绘制重点部位的立面图、效果图，编写设计说明，一张A2幅面。

设计说明：

　　酒吧作为营业场所，对外要个性独特，吸引人的视线；对内要气氛轻松，培养人的闲情逸致。转角空间内收，既便于使用绿化来美化空间，又可吸引路人的注意力，何乐而不为？内部地面倡导环保，大面积采用强化木地板和毛石（或卵石）贴面，营造更多自然气息。空间是流动的音乐，而设计师正是音乐的指挥者。

深色地板将浅色家具衬托出来

座席区设计在地台上，使空间更有层次感

吊顶层级高差通过增加投影来表现

顶面虽然颜色较浅，但也用了两种颜色区分开

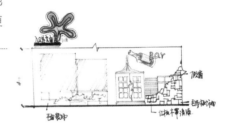
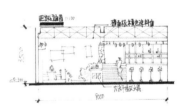

▲快题设计酒吧

133

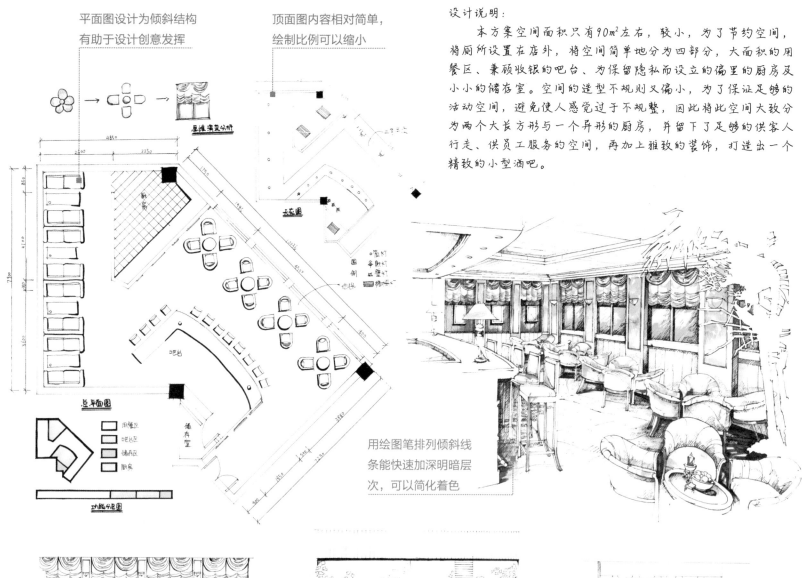

平面图设计为倾斜结构
有助于设计创意发挥

顶面图内容相对简单，
绘制比例可以缩小

设计说明：

　　本方案空间面积只有90m²左右，较小，为了节约空间，将厕所设置在店外，将空间简单地分为四部分，大面积的用餐区、兼顾收银的吧台、为保留隐私而设立的偏里的厨房及小小的储存室。空间的造型不规则又偏小，为了保证足够的活动空间，避免使人感觉过于不规整，因此将此空间大致分为两个大长方形与一个异形的厨房，并留下了足够的供客人行走、供员工服务的空间，再加上雅致的装饰，打造出一个精致的小型酒吧。

快题设计
酒吧

用绘图笔排列倾斜线
条能快速加深明暗层
次，可以简化着色

▲快题设计酒吧（舒俐芸）

快题设计
酒吧

男厕所防滑瓷砖地面

女厕所防滑地砖

料理间防滑地砖

吧台内藏化不锈钢板
吧台(收银台)

红松冰块深清漆

石膏板平顶
木纹色涂料油漆

柔灯光带

硅钙板平顶
木纹色涂料

卫生间板
彩色塑料扣板
平顶

硅面板

青灰砖贴面

内设有装饰壁炉

走道上方角落微暖黄色涂料

图例

图例	未示内容
○	灯具(白炽灯)
串	垂直贴灯
‖	空调风口
♦	烟感器
♦	防防喷淋

平面图 1:100

天花图 1:100

B立面图 1:100

B立面图 1:100

剖面图 1:100

剖面图 1:100

Bar

设计说明:
　　本方案是对传统的酒吧的一种颠覆，一改以往的暗色系，采用鲜明的主色调，突出了轻松、舒雅的感觉。室内摆放许多花草植物，区分空间的同时营造出一个在现代繁忙都市中能令人放松身心的神秘花园。

功能分配图	
	卡座
	立面
	吧台、服务台
	洗手间
	储藏间

▲ 快题设计酒吧（张悦）

快题设计 咖啡吧

设计说明:

　　本方案为一个咖啡吧设计，平面分区由游戏"俄罗斯方块"的各种图形拼接、演变而来。就餐区域分为包厢区、卡座区、户外区三种就餐区来满足各种人群的需要。在设计中调用光、影以及配景、植物等表现手段来增强空间主题对人所产生的温馨与浪漫，让客人在就餐时感受到美味所带来的生活享受。

效果图

空间中的辅助功能区可以不着色

天花顶面着色根据主次来选择

在幅面较小的透视图中适当用深色能强化对比

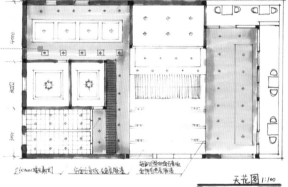

平面图 1:100

天花图 1:100

图例	
	大吊灯
⊕	筒灯
+	射灯
▣	吸顶灯

家具与墙面应当有明显区分，但是家具也不宜完全涂满

墙面从下向上逐渐变浅

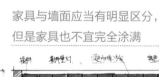

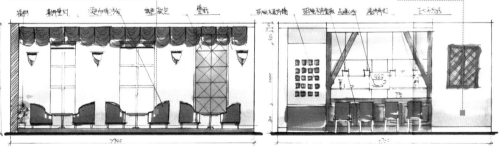

构思演变图

▲ 快题设计咖啡吧

快题设计 咖啡店

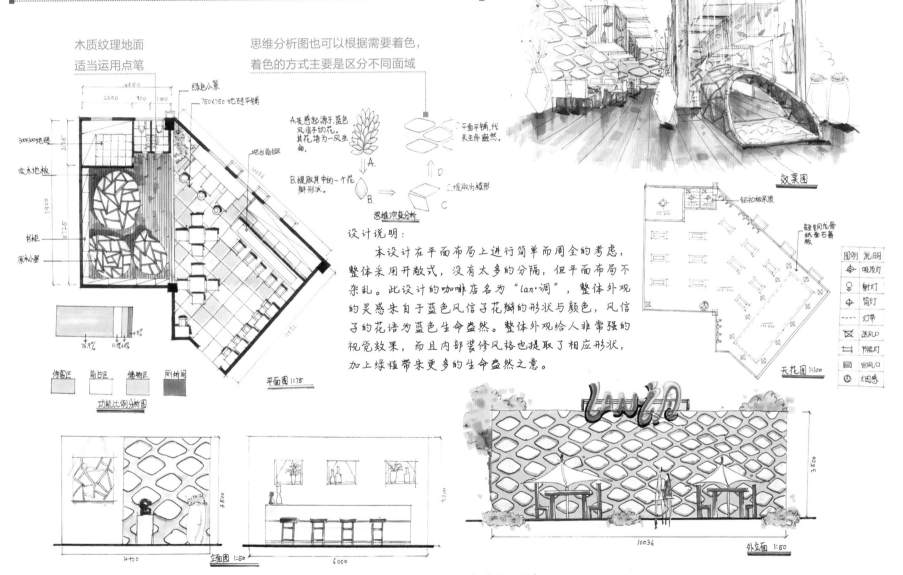

木质纹理地面
适当运用点笔

思维分析图也可以根据需要着色，
着色的方式主要是区分不同面域

绿色小景

300X300地砖

实木地板

书柜

原木小屋

A.灵感起源于蓝色
风信子的花，
其花语为一风生
命。

B.提取其中的一个花
瓣形状。

思维演变分析

平面平铺，代
表生命盎然。

C.提取为棱形

效果图

铝扣板吊顶

轻钢龙骨
纸面石膏
板

设计说明：

　　本设计在平面布局上进行简单而周全的考虑，
整体采用开敞式，没有太多的分隔，但平面布局不
杂乱。此设计的咖啡店名为"lan·调"，整体外观
的灵感来自于蓝色风信子花瓣的形状与颜色，风信
子的花语为蓝色生命盎然。整体外观给人非常强的
视觉效果，而且内部装修风格也提取了相应形状，
加上绿植带来更多的生命盎然之意。

图例	说明
	吸顶灯
	射灯
	筒灯
	灯带
	送风口
	节能灯
	回风口
	烟感器

天花图 1:100

平面图 1:75

功能比例分析图

立面图 1:50

6000

外立面 1:50

10036

地面边缘适当加深着色，但是加深的部位只靠墙体一边

同样作为家具，沙发与桌面的颜色有所区分

快题设计 茶室

设计说明：

露天的设计让品茶更舒适，让人们的心情更舒畅，茶艺展示台让更多的人了解中国茶艺的博大精深。大厅、卡座、包间，满足了不同人群的需求，内部的设施都采用中国古典建筑的形式，让品茶更深入。

建筑结构适当向室外延伸能提升作品档次，表现了设计者思路的延续

立面除了平铺外还增加少许投影

天花根据设计可以分为两种颜色

▲快题设计茶室（黄蓉）

快题设计 茶室

设计说明:

　　本方案为景观茶室设计。该设计在构思中大胆地将外景小品植物融入室内,与大自然相结合,给人感觉很亲切,更贴近自然。人们品茶观景,需为其营造高档舒适的室内外空间。茶室坐落于风景宜人的湖滨景区。茶室内部植物、水景相互融合,极具趣味性。透过大面积的玻璃窗,不管是室内还是室外的景致都融为一体,风景尽收眼底。

第24天

做什么

　　实地考察周边茶室,或查阅搜集资料,独立构思设计一间中小面积茶室平面图,设计并绘制重点部位的立面图、效果图,编写设计说明,一张A2幅面。

技法详解

　　快题设计的评分标准:图面表现40%、方案设计50%、优秀加分10%。在不同的阶段,表现和设计起着不同的作用。

　　评分一般分为三轮:第一轮将所有考生的试卷铺开,阅卷老师浏览所有试卷,挑出表现与设计上相对很差的放入不及格之列。第二轮将剩下来的及格试卷评出优、良、中、差四档,并集体确认,不允许跨档提升或下调。第三轮按档次量分转换成分数成绩,略有1~2分的分差。

　　要满足以上评分标准,从众多竞争者中脱颖而出,必须在表现技法上胜人一筹,对于创意思想可以在考前多记忆一些国内外优秀设计案例。

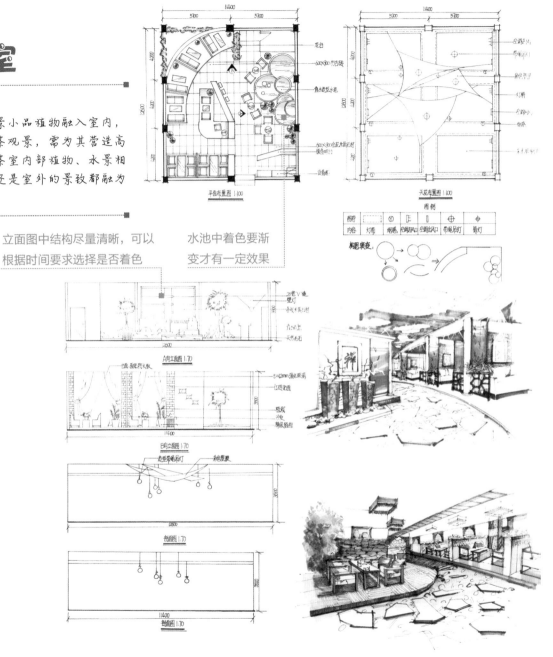

立面图中结构尽量清晰,可以根据时间要求选择是否着色

水池中着色要渐变才有一定效果

▲快题设计茶室(王惠慧)

快题设计 服装店

实地考察周边服装店，或查阅搜集资料，独立构思设计一处服装店平面图，设计并绘制重点部位的立面图、效果图，编写设计说明，1张A2幅面。

做什么

设计说明：

　　本服装店的设计构思来源为七巧板，服装店的内部设计分为精品区、普通区、试衣间、休息区、收银台、储存间等。室内以线分割划出功能分区。其装饰材料主要以木质为主，地面是木质地板、防滑瓷砖，墙面有木条纹装饰。室内采用白色灯光，整体效果给人一种舒适感，令人更加愿意停留。

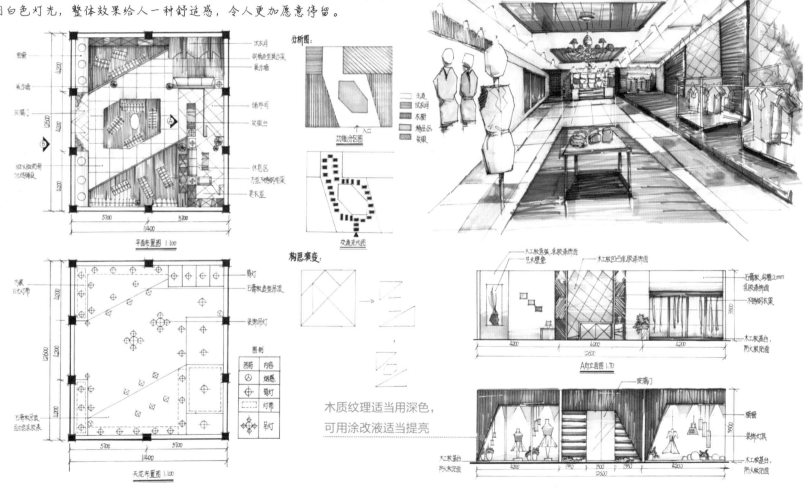

木质纹理适当用深色，
可用涂改液适当提亮

▲快题设计服装店（王惠慧）

快题设计 服装店

设计说明：

　　该服装店内部主要结构是两个巨大的圆锥体，都是由玻璃制成，这一设计是对传统设计理念的颠覆，将成为引人注目的结构，而且它还可引导顾客的走向。同时，店中心两块大型的重叠的白色天花板圆盘，由巴力天花制成，为整个展区带来了一种动感与旋转的氛围。天花板下面的展区则是由一个盘旋的圆盘组成，底层的展示圆盘带有LED灯光，音乐响起的时候，可以变换灯光颜色。在中央展示区的一边还有一个引人注目的设计，四个换衣间由一个白色圆柱组成，圆柱采用半透明有机玻璃，其上还画有一女子的模糊形象。整个设计富有生动性。空间显得宽敞明亮。明亮、简洁、时尚是该设计的初衷。

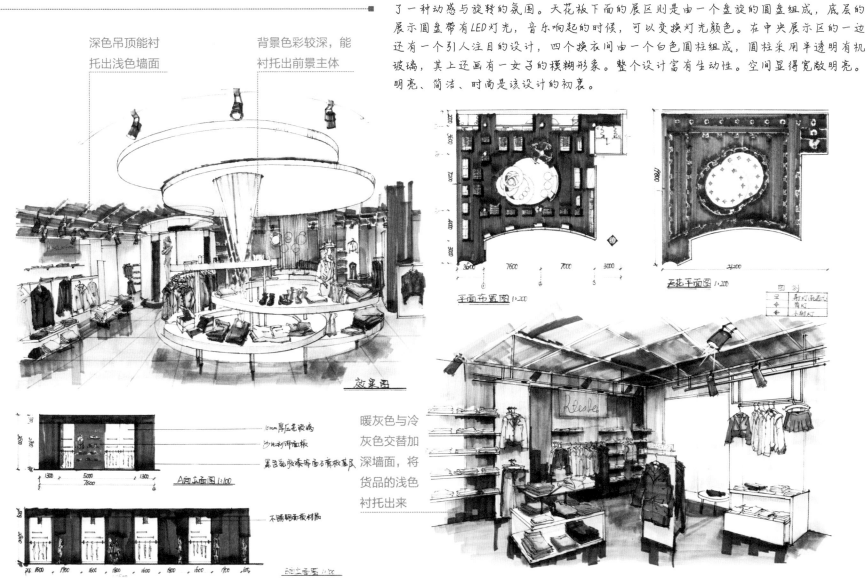

深色吊顶能衬托出浅色墙面

背景色彩较深，能衬托出前景主体

暖灰色与冷灰色交替加深墙面，将货品的浅色衬托出来

▲快题设计服装店（曹智慧）

快题设计 服装店

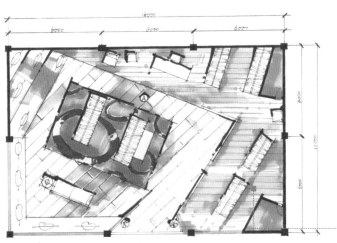

总平面图 1:100

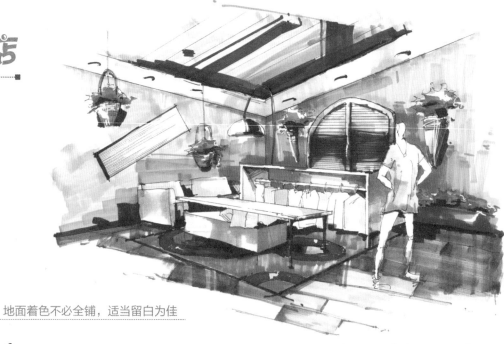

地面着色不必全铺，适当留白为佳

木地板吊顶   瓷砖

灯具图例

⊕ 筒灯
⊗ 射灯
◎ 吸顶筒灯
     日光灯带
✦ 装饰吊灯

天花布置图 1:100

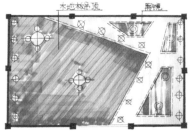

功能分配图   路线图

功能分配图
橱窗展示区
中心展示区
挂衣区
试衣间
过道

设计说明:

    本服装店的经营理念是有效地利用空间，精巧设计，合理布局。缤纷的服装卖场设计不仅能够营造出好的营业空间，更重要的是能够吸引品牌消费对象的注意力。

A立面图 1:100

用点笔来表现
墙面马赛克
马赛克

倾斜造型是体现设计特色的关键因素

B立面图 1:75

▲快题设计服装店

实地考察周边写字楼中的办公空间,或查阅搜集资料,独立构思设计一处较小规模办公平面图,设计并绘制重点部位的立面图、效果图,编写设计说明,1张A2幅面。

快题设计 办公空间

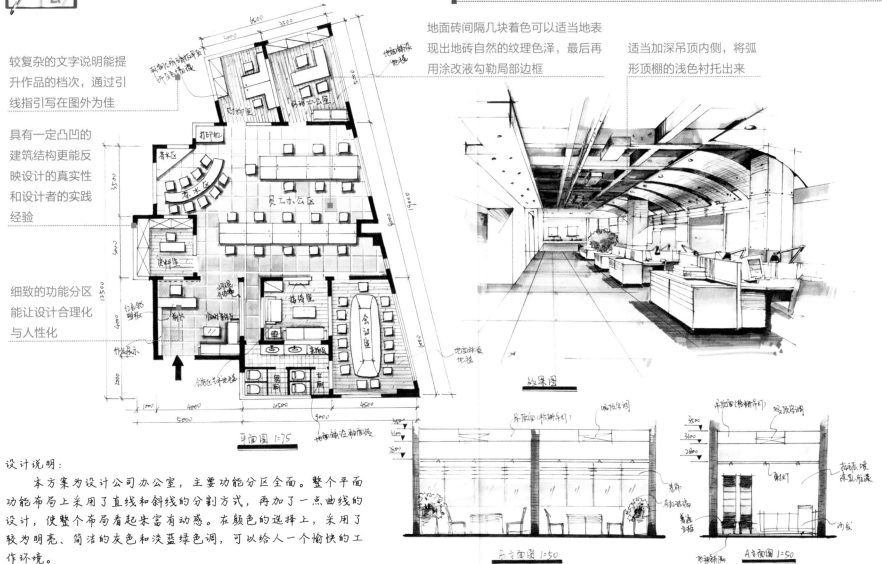

较复杂的文字说明能提升作品的档次,通过引线指引写在图外为佳

具有一定凸凹的建筑结构更能反映设计的真实性和设计者的实践经验

细致的功能分区能让设计合理化与人性化

地面砖间隔几块着色可以适当地表现出地砖自然的纹理色泽,最后再用涂改液勾勒局部边框

适当加深吊顶内侧,将弧形顶棚的浅色衬托出来

平面图 1:75

效果图

B立面图 1:50

A立面图 1:50

设计说明:

　　本方案为设计公司办公室,主要功能分区全面。整个平面功能布局上采用了直线和斜线的分割方式,再加了一点曲线的设计,使整个布局看起来富有动感。在颜色的选择上,采用了较为明亮、简洁的灰色和淡蓝绿色调,可以给人一个愉快的工作环境。

▲快题设计办公空间(徐莎莎)

快题设计 办公空间

设计说明：

　　本设计为200m²左右的创意公司办公空间。其采用开敞式办公方式，由于办公空间面积比较小，所以采用下沉式设计，这样设计节约空间，下沉处可用来储藏文件，既可以巧妙地将办公区域分出，又在形式上比较符合创意公司灵活有想法的特点。本方案设计注重"轻松办公"的概念，所以，多处设置了绿植区。在每个下沉工作区之间的过道宽度上，都有意设计得比较宽，这是为了便于工作人员直接在地面上工作，节约空间，且不影响过道本身的功能作用。

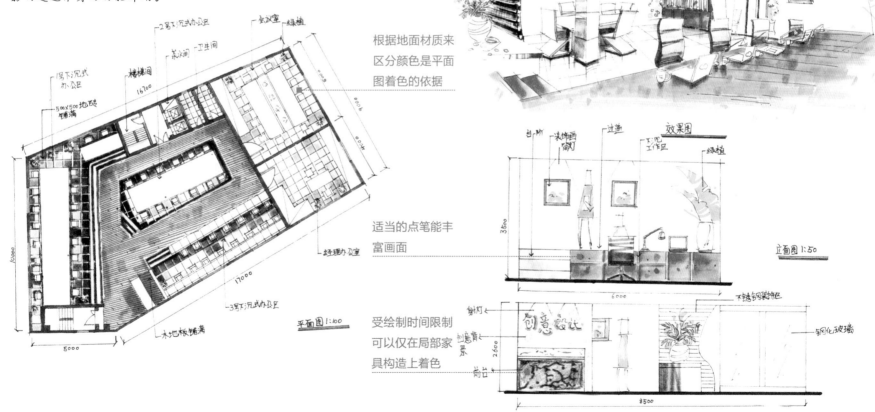

弧线造型能与横平竖直的墙顶面构造形成对比

加深顶面内部颜色，将顶面管道结构凸显出来

根据地面材质来区分颜色是平面图着色的依据

适当的点笔能丰富画面

受绘制时间限制可以仅在局部家具构造上着色

平面图1:100

立面图1:50

▲快题设计办公空间（孙未靖）

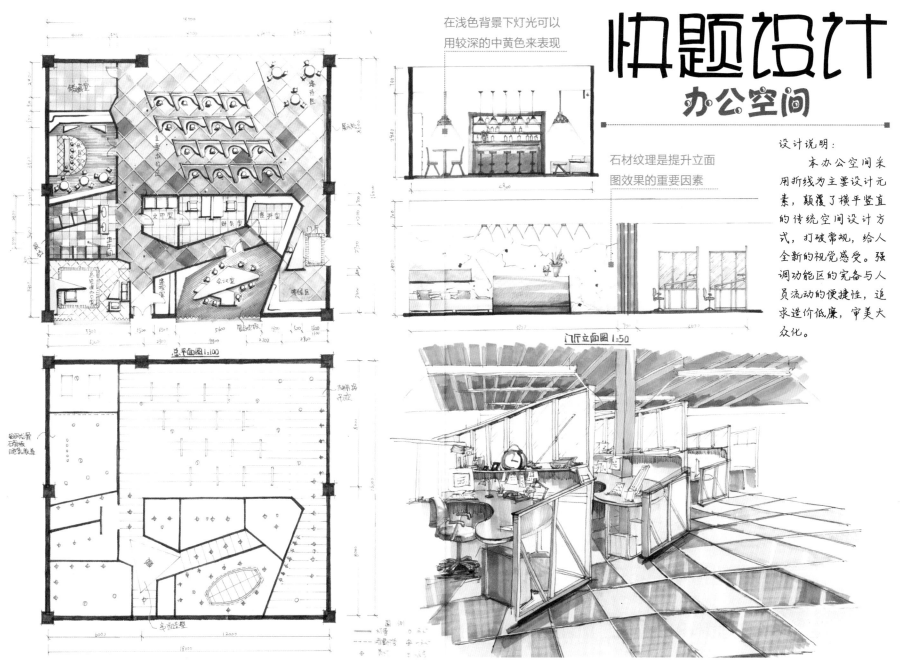

在浅色背景下灯光可以
用较深的中黄色来表现

石材纹理是提升立面
图效果的重要因素

快题设计
办公空间

设计说明：

　　本办公空间采用折线为主要设计元素，颠覆了横平竖直的传统空间设计方式，打破常规，给人全新的视觉感受。强调功能区的完备与人员流动的便捷性，追求造价低廉，审美大众化。

门厅立面图 1:50

▲快题设计办公空间（舒俐芸）

快题设计 办公空间

设计说明：

　　本方案为一平面设计公司，面积为200m²，主要分区为进门前台、会议室、办公区、文印区、财务室、资料室、总经理室等。在设计时将之赋予了鲜明的主体思想来贯穿整个空间，即严谨的平面功能布局以及鲜明的色彩。整个平面布局上采用了直线与斜线的穿插，色彩上采用了浅色调，使空间显得宽敞明亮。明亮、简洁、时尚是该设计的初衷。

石材纹理的线条结构与着色有一定联系，但不要僵硬地刻画

木质纹理墙面底部着色较深，能将浅色抽屉柜衬托出来

冷灰色与暖灰色交替用于地砖填充，能丰富画面效果

平面布置图 1：90

透明材质吊顶构造要将顶面深色表现出来

适当运用倾斜与圆弧造型来丰富画面

立面图A 1：50

▲快题设计办公空间（张思）

146

快题设计 办公空间

设计说明：

　　本方案为一装饰公司，面积为288m²，主要分区为进门前台、接待处、会议区、储藏间、总经理室、行政室、文印区、办公室、卫生间、休息区等。在设计时将之赋予了鲜明的主题思想来贯穿整个室内，即时代的特征与内涵，严谨的功能布局，以及鲜明的色彩。

　　整个平面功能布局上采用了直线与斜线的穿插，构成了一个极富动感的空间，使人在空间的流动更加顺畅。色彩使用了冷色调，使空间变得更为宽敞，加之足够的照明，两者结合使整个办公空间更加现代、时尚，能够给予设计师创意灵感。

技法详解

　　手绘是通过设计者的手来进行思考的一种表达方式，它是快题设计的直接载体，手绘是培养设计能力的手段。快题设计和手绘相辅相成。无论是设计初始阶段，还是方案推进过程，手绘水平高无疑具有很大优势。在手绘表现过程中最重要的就是融合创意设计思想，将设计通过手绘完美表现。

　　常规手绘表现设计与快题设计是有很大区别的。常规手绘表现设计是手绘效果图的入门教学，课程开设的目的是指导学生逐步学会效果图表现，是循序渐进的过程，作业时间较长，能充分发挥学生的个人能力，有查阅资料的时间。快题设计是对整个专业学习的综合检测，是考察学生是否具有继续深造资格的快速方法，在考试中没有过多时间思考，全凭平时学习积累来应对，考试时间是3~8小时不等。

木纹色能很好地调节画面氛围，前提是要有与木纹色形成对比的颜色，或是浅色，或是深色

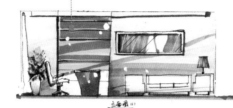

立面图(1)

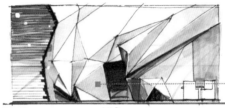

立面图(2)

凸凹不平的多边形造型是立面图中常用的设计元素，这些在透视图中不好表现的造型都可以在立面图中随意运用

平面布置图

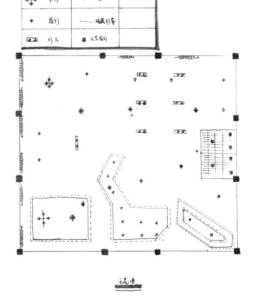

天花图

▲快题设计办公空间（曹佩琪）

147

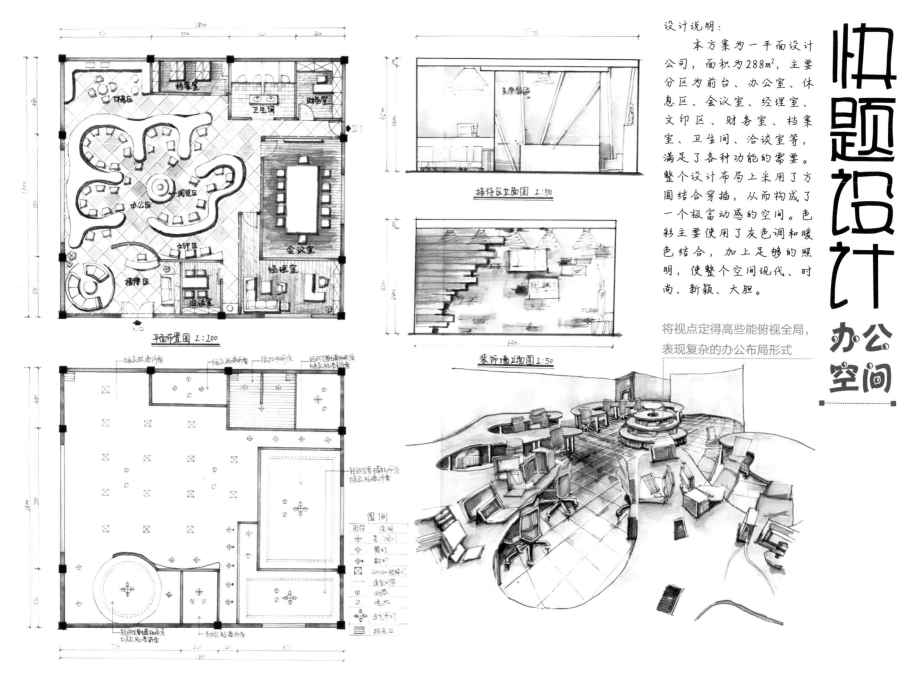

设计说明：

　　本方案为一平面设计公司，面积为288m²，主要分区为前台、办公室、休息区、会议室、经理室、文印区、财务室、档案室、卫生间、洽谈室等，满足了各种功能的需要。整个设计布局上采用了方圆结合穿插，从而构成了一个极富动感的空间。色彩主要使用了灰色调和暖色结合，加上足够的照明，使整个空间现代、时尚、新颖、大胆。

快题设计办公空间

将视点定得高些能俯视全局，表现复杂的办公布局形式

接待区立面图 1:50

装饰墙立面图 1:50

平面布置图 1:100

▲快题设计办公空间（张思）

快题设计 地产营销中心

实地考察周边地产营销中心，或查阅搜集资料，独立构思设计一处地产营销中心平面图与主要立面图，设计并绘制效果图，编写设计说明，一张A2幅面。

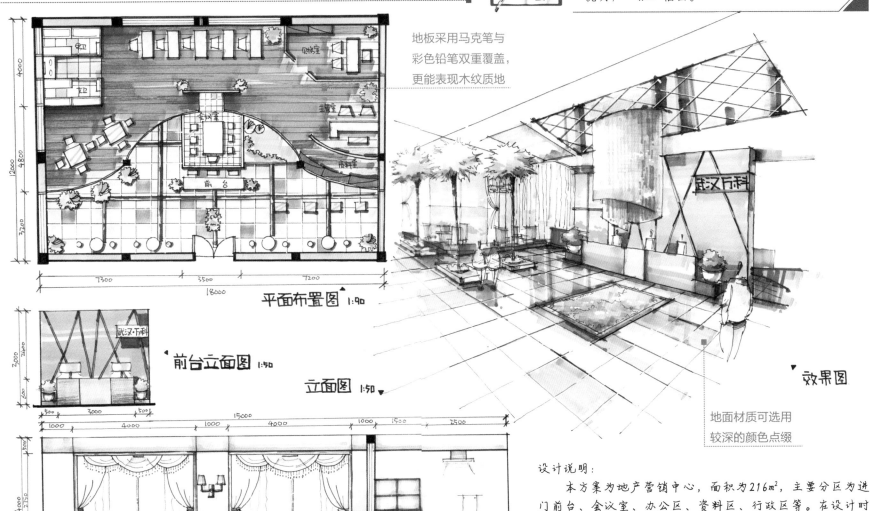

地板采用马克笔与彩色铅笔双重覆盖，更能表现木纹质地

平面布置图 1:90

前台立面图 1:50

立面图 1:50

效果图

地面材质可选用较深的颜色点缀

设计说明：

　　本方案为地产营销中心，面积为216m²，主要分区为进门前台、会议室、办公区、资料区、行政区等。在设计时将之赋予了鲜明的主体思想来贯穿整个空间，即时代的特征与内涵、严谨的平面功能布局以及鲜明的色彩。

▲ 快题设计地产营销中心（张霄辉）

快题设计

地产营销中心

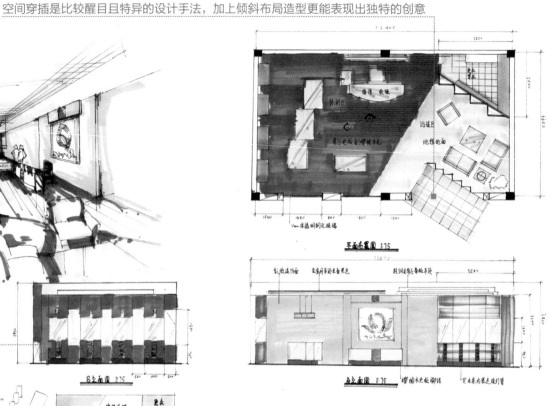

设计说明：

　　该设计突出深厚的文化底蕴，尽量满足销售中心的文化心理需要，外观采用钢结构玻璃落地窗构成，室内外之间由透明玻璃幕墙相隔，既扩大了空间感，又使两者在视觉上交相辉映，和谐统一。钢结构、玻璃、樱桃木的运用组合成一个既时尚又不失文化底蕴的空间。灯光的设计也完全为舒适度及展台照明考虑，没有炫目的投射灯光，其巧妙的光线投射使空间充满灵动的感觉。

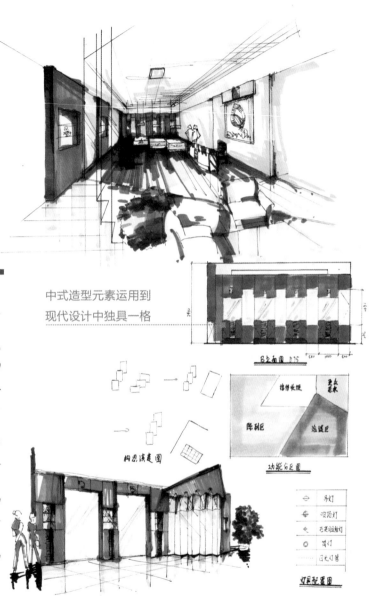

中式造型元素运用到
现代设计中独具一格

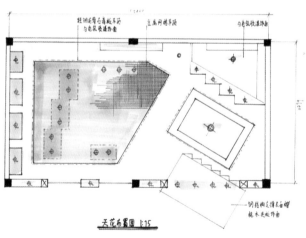

▲ 快题设计地产营销中心

快题设计 餐厅

设计说明：

本餐厅采用整体斜向布置，使人不能一眼望到底，起到遮挡作用，它的构思来源是直线，从而演变成连续的折线，用地面的高低错落和铺装材质来划分用餐的不同区域，镂空的屏风不仅起到了分隔的作用，同时也具有装饰的作用。餐厅整体采用传统中式色彩，大量射灯筒灯共同作用，既使餐厅层次丰富，又渲染出温馨、舒适的用餐氛围，偏暖色的整体色调十分符合用餐环境，同时加上那一点绿色风景，综合在一起营造出舒适的环境。

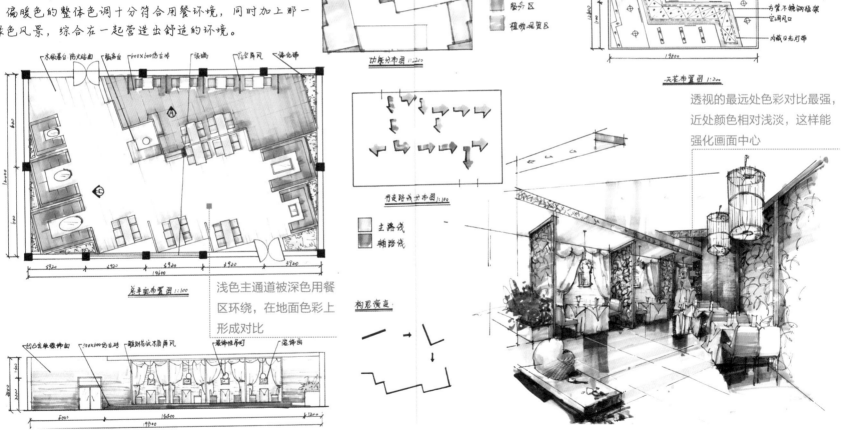

空间立面布置图 1:100

灯具配置图

⊕	带装饰性吊灯
⊕	射灯
——	灯带
+	牛眼射灯
	筒灯
	空调风口

包厢区
用餐区
服务区
植物观赏区

功能分布图 1:200

天花布置图 1:200

透视的最远处色彩对比最强，近处颜色相对浅淡，这样能强化画面中心

平面布置图 1:100

行走路线分布图 1:100

主游线
辅游线

浅色主通道被深色用餐区环绕，在地面色彩上形成对比

构思演变

▲快题设计地产餐厅（杨晓琳）

快题设计
餐厅

设计说明:

　　本方案为小型西式餐厅,总面积为150m²,是一间具有民族风格,同时又散发异域风情的餐厅。整个空间呈现斜向分布,打破传统餐厅的布局结构,新颖独具特色。本店装饰装修整体采用实木和原木色木板拼接装饰,进门两侧分别为一人位区和双人位区,一人位可作为散座,同时吧台区的一人位区可作为快餐区,吧台可体现都市快节奏,方便空闲时间少的上班族。餐厅中部作为情侣区或者两人座位区,为了照顾个人喜好和室内整体布局,餐桌两侧分别设置舒适沙发和简单特色座椅。内部分区作为多人座位区,适合聚会或多人用餐,气氛温馨,整体都是原木色系,弥漫慢生活的节奏,清新大方,别具一格,在喧闹的世界中,形成一方静土。

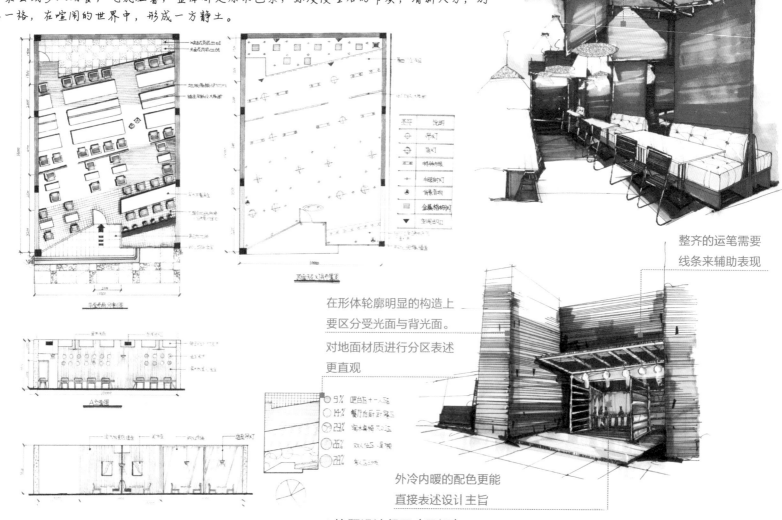

灯光下预留的区域内应当选用比固有色浅的颜色来绘制。

整齐的运笔需要线条来辅助表现

在形体轮廓明显的构造上要区分受光面与背光面。

对地面材质进行分区表述更直观

外冷内暖的配色更能直接表述设计主旨

▲快题设计餐厅(吕媚)

做什么

反复自我检查、评价绘画图稿，再次总结其中形体结构、色彩搭配、虚实关系中存在的问题，将自己绘制的图稿与本书作品对比，快速记忆一些自己存在问题的部位，以便在考试时能默画。

快题设计 餐厅

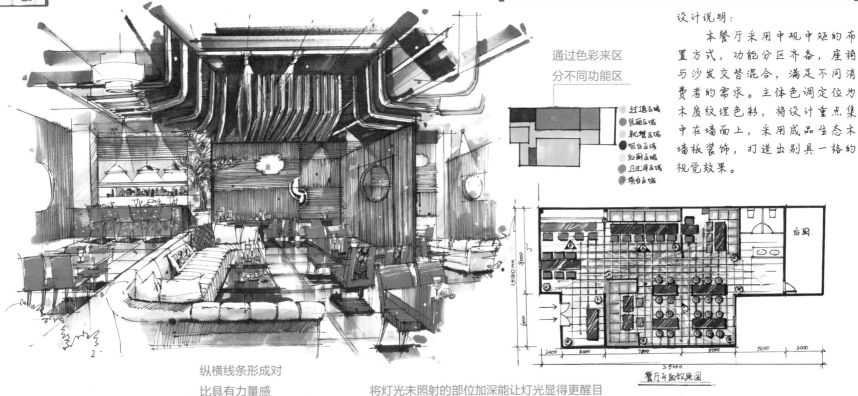

通过色彩来区
分不同功能区

○ 过道区域
● 厨房区域
○ 就餐区域
● 吧台区域
○ 后厨区域
● 卫生间区域
● 前台区域

设计说明：

本餐厅采用中规中矩的布置方式，功能分区齐备，座椅与沙发交替混合，满足不同消费者的需求。主体色调定位为木质纹理色彩，将设计重点集中在墙面上，采用成品生态木墙板装饰，打造出别具一格的视觉效果。

餐厅平面效果图

纵横线条形成对
比具有力量感

将灯光未照射的部位加深能让灯光显得更醒目

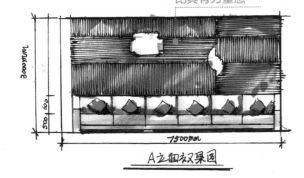

A立面效果图

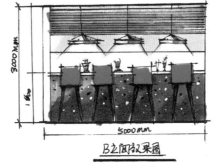

B立面效果图

C立面效果图

▲快题设计餐厅（汪建成）

结构复杂的吊顶采用深色来衬托更具体积感

25000

歌铜系

平面布局图

8500　8000　8300

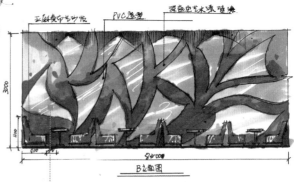

亚麻复印艺术画框　PVC板造型　深蓝色艺术漆喷漆

3000

B立面图

84000

不规则几何形是设计的重要
元素，通过深色背景来衬托

设计说明：

　　本方案以不规则几何
形体为主要创意对象，新
颖独具特色。将深色作为
背景，将浅色墙面造型与
放大的艺术字作为设计主
要元素。突出艺术的创新
精神与独特魅力，令人感
到与众不同的视觉氛围。

景观风造型

C立面图

扫笔能加大形体结构的设计感

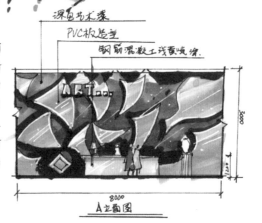

深蓝艺术漆
PVC板造型
钢筋混凝土浅蓝喷漆

3000

8000

A立面图

快题设计
艺术馆

▲快题设计艺术馆（汪建成）